動画特典について

動画特典「表情の描き方 等速解説動画」「表情変化の作例アニメ動画」については、p.142をご確認ください。

本書に関するお問い合わせ

この度は小社書籍をご購入いただき誠にありがとうございます。小社では本書の内容に関するご質問を受け付けております。本書を読み進めていただきます中でご不明な箇所がございましたらお問い合わせください。なお、お問い合わせに関しましては以下のガイドラインを設けております。恐れ入りますが、ご質問の際は最初に下記ガイドラインをご確認ください。

ご質問の前に

小社Webサイトで「正誤表」をご確認ください。最新の正誤情報をサポートページに掲載しております。上記ページの「サポート情報」より「正誤情報」をクリックしてください。なお、正誤情報がない場合は表示されていません。

本書サポートページ https://isbn2.sbcr.jp/24590/

ご質問の際の注意点

・ご質問はメール、または郵便など、必ず文書にてお願いいたします。お電話では承っておりません。

・ご質問は本書の記述に関することのみとさせていただいております。従いまして、○○ページの○○行目というように記述箇所をはっきりお書き添えください。記述箇所が明記されていない場合、ご質問を承れないことがございます。

・小社出版物の著作権は著者に帰属いたします。従いまして、ご質問に関する回答も基本的に著者に確認の上回答いたしております。これに伴い返信は数日ないしそれ以上かかる場合がございます。あらかじめご了承ください。

ご質問送付先

ご質問については下記のいずれかの方法をご利用ください。

Webページより

本書サポートページの「お問い合わせ」→「書籍の内容について」をクリックするとフォームが開きます。要綱に従って質問内容を記入の上、送信ボタンを押してください。

郵送

郵送の場合は下記までお願いいたします。

〒105-0001
東京都港区虎ノ門2-2-1
SBクリエイティブ　読者サポート係

■本書内に記載されている会社名、商品名、製品名などは一般に各社の登録商標または商標です。本書中では®、™マークは明記しておりません。

■本書の出版にあたっては正確な記述に努めましたが、本書の内容に基づく運用結果について、著者およびSBクリエイティブ株式会社は一切の責任を負いかねますのでご了承ください。

©2025 Hisashi Kagawa　　本書の内容は著作権法上の保護を受けています。著作権者・出版権者の文書による許諾を得ずに、本書の一部または全部を無断で複写・複製・転載することは禁じられております。

■はじめに■

本書をお手に取ってくださりありがとうございます。
「表情」とは、心の中の感情が顔や体、外面に表れたもののことです。自分はアニメーターという職業柄それを常日頃から絵として描いています。シーンやカットでそこにいるキャラクターの心情を、監督や演出の描いた絵コンテを見ながら理解して、ベストな表情や芝居を模索して描き続けてきました。
最初から思うように描けたわけでもなく今でも日々模索しているわけですが、たくさん描き続けたことで表情の引き出しも増え、その描き方やコツが絵を描き始めたころよりは理解できたのではないかと思っています。
本書では、その自分なりに考え続けてきた表情の描き方を解説します。
まず最初は顔の表情を作る目や眉、口といった基本的なパーツの組み合わせからスタートします。このパーツの種類の引き出しが増やせれば、それを組み合わせることでいろいろな表情を表現できるようになります。福笑いのパーツを自分で作って、それをベストな位置に置いていくような感じです。
でもそのままだと平面的な表情になってしまいます。絵は二次元ですが立体的に見えるように三次元的な視点で描いています。そこで顔の立体を考えて、立体の顔のパーツをはめ込んでいくようなイメージで表情を完成させていきます。立体的な福笑いのパーツの引き出しを増やしていけば、平面とは違った表情パターンも増えていくと思います。そういうとちょっと硬い表情なりそうですが、さらにパーツや置き方のバランスをくずしてみたりすることで自然な表情になるように描き込んでいきます。二次元を立体で考えるというのは、難しく感じるかもしれませんが、そのパーツの引き出しを増やすために本書を活用してもらえるように、たくさんの表情集を用意しました。
また、本書では解説のために6人のオリジナルキャラクターを作り、いろいろな表情をつけるため、もととなる基本の顔と簡単な性格やプロフィール、名前も考えました。物語のようにストーリーがあるわけではありませんが、表情を描くための手がかりや、想像を膨らますためのヒントがあるほうが描きやすいですし、なにより描いていて楽しいと思います。
本書がみなさまの創作の一助となれば幸いです。

本書の使い方

本書の構成

本書は、アニメーター香川久の、「表情」の描き方を解説しています。基本の描き方や考え方に加え、長年現場で培ってきた知識やテクニックをたっぷり詰め込んだ1冊です。

CHAPTER 1　表情の基本
表情を作るための基本である、パーツの位置や形、デフォルメ方法について解説します。表情を考えるうえでベースとなるキャラクターを作成しています。

CHAPTER 2　表情の種類
感情の大きさによる表情の描き分けや、感情が混在したときの表情について解説します。

CHAPTER 3　感情の演出
キャラクター性を意識した表情のつけ方や感情を伝えるための演出方法について解説します。

CHAPTER 4　表情実例集
感情別、シチュエーション別にさまざまな作例を用意しました。模写練習や表情作画の参考にお役立てください。

巻末記事としては、『フレッシュプリキュア！』で作ったキャラクターデザインを紹介する「プロの現場」と、アニメーターの伊藤郁子さん、爲我井克美さんをお呼びしたアニメーター座談会を収録しています。

動画特典について

本書には動画特典として「表情の描き方 等速解説動画」「表情変化の作例アニメ動画」がついています。利用方法はp.142をご確認ください。

模写について

本書では模写を歓迎しています。CHAPTER 1～3の作例画像とCHAPTER 4の表情実例の模写はX(旧Twitter)やInstagramなど各種SNSに公開していただいて構いません。公開される際は本書のイラストを模写されたことの明記をお願い致します。

ページの構成

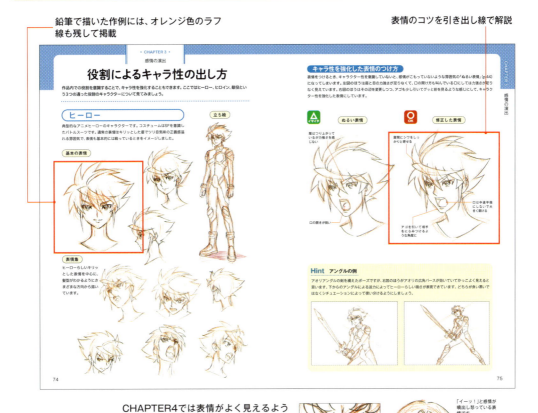

マークの読み方

 クリップマーク
普段描くときに考えていることや、気をつけている箇所など補足コメントをまとめています。

Hint ヒントマーク
本文の解説の他に、役立つ描き方やテクニックを紹介しています。

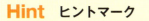
青矢印：肩や目線などパーツの動き
ピンク矢印：頭の向きや動き
緑矢印：形の流れ

OK：良い例や、NG例を修正した例
イマイチ：間違ってはいないけれど、もっとよくなる例
NG：見栄えがあまりよくない例

Column コラムマーク
顔の描き方を深掘りする話や、アニメーションの現場でも使える小ネタなどを解説しています。

CONTENTS

はじめに 3
本書の使い方 4

CHAPTER 1
表情の基本 9

表情の作り方 ・・・・・・・・・・・・ 10
　表情を作る3つの要素 ・・・・・・・・ 10
　部分的に変えてみよう ・・・・・・・・ 12

表情と性格の関係 ・・・・・・・・・・ 14
　表情と性格 ・・・・・・・・・・・・・ 14
　表情の考え方 ・・・・・・・・・・・・ 14
　基本のキャラクターを考える ・・・・・ 15

キャラ設定から表情を考える ・・・・・ 16
　元気タイプ ・・・・・・・・・・・・・ 16
　委員長タイプ ・・・・・・・・・・・・ 17
　ギャルタイプ ・・・・・・・・・・・・ 18
　主人公タイプ ・・・・・・・・・・・・ 19
　インテリタイプ ・・・・・・・・・・・ 20
　ヤンチャタイプ ・・・・・・・・・・・ 21

表情の基本パターン ・・・・・・・・・ 22
　喜び ・・・・・・・・・・・・・・・・ 22
　怒り ・・・・・・・・・・・・・・・・ 24
　悲しみ ・・・・・・・・・・・・・・・ 26
　楽しい ・・・・・・・・・・・・・・・ 28
　驚き ・・・・・・・・・・・・・・・・ 30
　嫌悪 ・・・・・・・・・・・・・・・・ 32

記号で表情を描く ・・・・・・・・・・ 34
　漫画的表現を活用 ・・・・・・・・・・ 34
　絵文字の表情を描いてみよう ・・・・・ 36

デフォルメの表情 ・・・・・・・・・・ 38
　デフォルメしてみよう ・・・・・・・・ 38
　デフォルメのポイント ・・・・・・・・ 40
　デフォルメの度合い ・・・・・・・・・ 42
　ポーズで誇張しよう ・・・・・・・・・ 43

CHAPTER 2
表情の種類　45

感情の強弱 ・・・・・・・・・・・・・・・・・・ 46
　感情には大きさがある ・・・・・・・・・ 46
　喜びの度合い ・・・・・・・・・・・ 48
　怒りの度合い ・・・・・・・・・・・ 50
　悲しみの度合い ・・・・・・・・・・ 52
　驚きの度合い ・・・・・・・・・・・ 54
　恐怖の度合い ・・・・・・・・・・・ 56
　脱力の度合い ・・・・・・・・・・・ 58

感情の混在 ・・・・・・・・・・・・・・・・・・ 60
　感情はひとつじゃない ・・・・・・・・・・ 60

表情の変化 ・・・・・・・・・・・・・・・・・・ 64
　表情変化の流れ ・・・・・・・・・・・・・ 64

CHAPTER 3
感情の演出　69

アングルで感情を強化 ・・・・・・・・・・・・ 70
　アオリとフカンを使う ・・・・・・・・・・・ 70

役割によるキャラ性の出し方 ・・・・・・・・ 74
　ヒーロー ・・・・・・・・・・・・・・・・ 74
　ヒロイン ・・・・・・・・・・・・・・・・ 76
　敵役 ・・・・・・・・・・・・・・・・・・ 78

演出表現による表情 ・・・・・・・・・・・・・ 80
　さまざまな感情表現 ・・・・・・・・・・・ 80

CHAPTER 4
表情実例集　83

喜びの表情 ・・・・・・・・・・・・・・・・・・・・ **84**
優しい感情 ・・・・・・・・・・・・・・・・・・ 84
悪い笑顔 ・・・・・・・・・・・・・・・・・・・ 88

怒りの表情 ・・・・・・・・・・・・・・・・・・・ **90**
小さな怒り ・・・・・・・・・・・・・・・・・・ 90
大きな怒り ・・・・・・・・・・・・・・・・・・ 92
嫌悪 ・・・・・・・・・・・・・・・・・・・・・・ 94
呆れ ・・・・・・・・・・・・・・・・・・・・・・ 96
うんざり ・・・・・・・・・・・・・・・・・・・ 97

悲しみの表情 ・・・・・・・・・・・・・・・・・ **98**
泣き顔 ・・・・・・・・・・・・・・・・・・・・ 98
落ち込み ・・・・・・・・・・・・・・・・・・ 100

驚きの表情 ・・・・・・・・・・・・・・・・・・ **106**
軽い驚き ・・・・・・・・・・・・・・・・・・ 106
強い驚き ・・・・・・・・・・・・・・・・・・ 107

恐怖の表情 ・・・・・・・・・・・・・・・・・・ **108**
軽い恐怖 ・・・・・・・・・・・・・・・・・・ 108
強い恐怖 ・・・・・・・・・・・・・・・・・・ 113

シチュエーション別の表情 ・・・・・・・・ **116**
歌う ・・・・・・・・・・・・・・・・・・・・・ 116
真剣 ・・・・・・・・・・・・・・・・・・・・・ 117
バトル ・・・・・・・・・・・・・・・・・・・・ 118
愛情表現 ・・・・・・・・・・・・・・・・・・ 120
日常 ・・・・・・・・・・・・・・・・・・・・・ 124

巻末特典

ラフ集　128
プロの現場　132
アニメーター座談会　138

動画特典について　142
おわりに　143

CHAPTER 1
表情の基本

まずは表情を作るための基本である、パーツの位置や形、デフォルメ方法について解説していきます。また、表情を考えるうえでは性格も大切な要素になるため6人のキャラクターを作成しています。

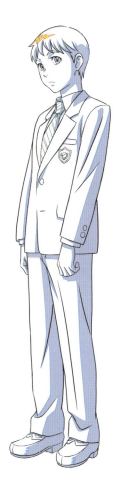

• CHAPTER 1 •

表情の基本

表情の作り方

表情はどのように作るのでしょうか。まずは表情に大切な3つの要素から説明します。

表情を作る3つの要素

表情を作る大きな要素は「眉」「目」「口」の3つです。顔のパーツは同じでも眉が上がっているか下がっているかだけでも、表情は大きく変わります。右のベースの表情から、それぞれ口だけ、眉だけ、目だけを変えてどのように表情が変化するかを見てみましょう。

眉を変える

眉はつり上げるか下げるかで感情を表現できます。つり上げたときは怒りや自信にあふれたような表現ができ、下げると悲しみや自信のなさを表します。

つり上げた眉にしたパターン。基本系の笑った口なので、自信溢れるような雰囲気になります。

下がり眉にしたパターン。いわゆる困り笑顔になります。困ったような雰囲気が強まります。

目を変える

目を開ける度合いで感情の大きさを表現できます。驚いたときや怒りの感情が噴出するときは目を見開いた状態になります。目を細めていくと優しい印象になったり、眠たげな印象にもなるので感情があまり表に出ていない様子が表現できます。目線の方向でも印象が変わるので、目の開き方と目線に注目してみてください。

目を細めたパターン。基本系の表情よりにっこりと笑った優しい笑顔になります。

ジト目にしたパターン。不敵な笑顔にも見えますし、心を見透かしているような雰囲気にもなります。

口を変える

口を開ける度合いでも、感情の大きさを表現できます。口を開けるほど感情が表に出ている印象になります。たとえば大声で叫んでいるときや、大笑いをしているときは口の開きが大きくなります。逆に呟くときや不服そうなときは口がほとんど開きません。

口を開けて笑顔にしたパターン。口を閉じていたときより明るく快活な雰囲気が強まります。

口をへの字に曲げたパターン。怒りまではいかずとも不機嫌や納得がいっていないような雰囲気が出ます。

Hint 眉の高さ

眉はちょっとした高さの違いでも表情が変化します。通常より高い位置にあると、感心したような驚きの表情に見えますね。眉は形だけでなく位置にも注目してみてください。

CHAPTER 1 表情の基本

部分的に変えてみよう

前ページで表情を作る大きな要素は「目」「口」「眉」と解説しましたが、実際にイラストでパターンを見てみましょう。
どのように印象が変わるかに注目してみてください。

元イラスト

ジト目に変更したパターン
呆れたような表情に

目線を逸らしたパターン
気が散っているような様子

口を開けたパターン
文句を言っているような雰囲気

口を閉じたパターン
ムスッと怒っている表情に

笑ったパターン
歯を見せて笑うと勝ち気な印象にも

困り眉パターン
眉尻が下がっていると困った印象が強まる

つり上げたパターン
眉尻をつり上げると怒った印象になるが、
口元が笑っているので勝ち気な印象にも

眉を上げたパターン
感心した感じにも、ちょっとだけ小馬鹿
にした感じにも見える

CHAPTER 1

表情の基本

元イラスト

ジト目に変更したパターン
余裕がある感じの笑み

目線を逸らしたパターン
面白そうなものを発見したような雰囲気

口を閉じたパターン
少し不服な感じ

口を開けたパターン
不服なことに軽く文句を言う感じ

笑ったパターン
歯を見せて笑うと爽やかな印象に

困り眉パターン
眉尻が下がっていると困った印象が強まる

つり上げたパターン
キリッとした印象やかっこつけた笑顔

眉を上げたパターン
少し小馬鹿にした笑顔

• CHAPTER 1 •

表情の基本

表情と性格の関係

表情を作るうえでキャラクターの性格は重要です。まずは性格と表情の関係性について説明していきます。

表情と性格

喜んでいるときはにっこりとした表情、怒っているときは眉尻がつり上がっている表情という感じで、感情ごとに基本となる形があります。しかしその形をどう見せるかは、キャラクターの性格が大きく関わっています。たとえばクールなキャラクターが大きな口を開けて笑っていると、イメージとは違う印象になってしまいます。
このタイプのキャラクターならこういう表情をするだろうというテンプレートな部分があると、表情を作りやすくなります。そこで本章ではタイプ別に基本のキャラクターを作成し、おおまかな性格やプロフィール、キャラの個性がわかる表情を考えてみました。

表情の考え方

実際にキャラクターの表情を描くときは、キャラクター性をあまり考えない大ラフの状態からはじめます。そこにキャラクターの「性格」やどういった状況なのかという「シチュエーション」、「感情の大きさ」や「伝えたいこと」などを盛り込みながらラフを整えていき、鉛筆のラフでよりキャラクターらしくなるようにさらに整えていくというような手順で描くことが多いです。わかりやすいテンプレートの表情を基本にしつつも、ステレオタイプにならないようにしています。

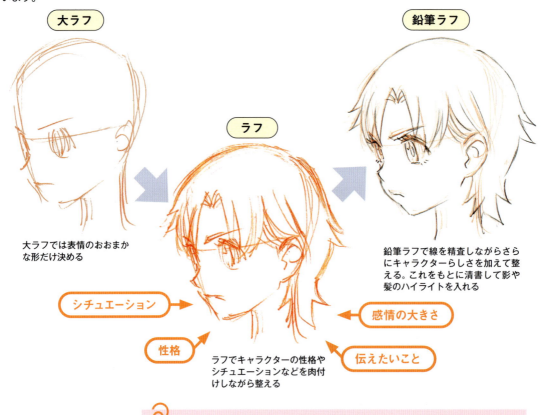

大ラフ
大ラフでは表情のおおまかな形だけ決める

ラフ
シチュエーション
性格
ラフでキャラクターの性格やシチュエーションなどを肉付けしながら整える

鉛筆ラフ
鉛筆ラフで線を精査しながらさらにキャラクターらしさを加えて整える。これをもとに清書して影や髪のハイライトを入れる

感情の大きさ
伝えたいこと

アニメーションの仕事のときは、芝居の方向性によって表情を決めていくことが多いです。アニメは動きがあるので前後のメリハリを考えたり、動き全体を通して感情を伝えたりと流れも一緒に考えて表情を作ります。

基本のキャラクターを考える

本章ではスタンダードなタイプとして「元気タイプ」「委員長タイプ」「ギャルタイプ」「主人公タイプ」「インテリタイプ」「ヤンチャタイプ」の6タイプの男女のキャラクターを作成しています。プロフィールや表情集は次ページから紹介します。

元気タイプ

感情表現が豊かで、素直に顔に出るタイプ。ボーイッシュで元気な表情が多く、おしとやかな表情は少なめ。

委員長タイプ

お嬢様なので、表情はあまり崩さない。ぼーっとしているところもあるので、そういった表情も多い。

ギャルタイプ

元気タイプと似た感じで表情は豊か。厚い唇がチャームポイントなので、口の表現を誇張することが多い。

主人公タイプ

おとなしくてあまり主張しないタイプなので、大きな感情の表出は少なめ。笑顔なことが多い。

インテリタイプ

クールで少し意地悪な部分もあるので、ちょっと嫌味な表情や自信に満ちた表情もよくする。

ヤンチャタイプ

勝ち気なので目に力が入った表情をしがち。だらしない一面とのギャップを作ってキャラに深みを出している。

• CHAPTER 1 •
表情の基本

キャラ設定から表情を考える

基本の解説のためのキャラクター設定と、イメージを膨らませるために書いた表情を紹介します。

元気タイプ

カナちゃん。高校1年生。
明るくて元気、天真爛漫で表情豊か。兄弟は歳の離れた兄が1人。その兄の影響で野球好き。ソフトボール部に所属。子供の頃からショートカット。

表情集

「そうなんだ〜」くらいの軽めの同意の表情。口角に丸みを帯びさせてちょっと口の位置を低くすると軽い印象になる

「う〜ん」と考えているけどそこまで深くは考えていない感じ。口元や眉は水平ではなく少し歪めることで柔らかな印象を追加している

「あ〜〜〜」とだるい感じ。少し角度をつけることで、けだるい様子が強調される

ムッとしている表情。ほっぺがほんの少し膨らんでいる

フフンと鼻にかけている表情。眉は上がっているけど目は半目で口の位置も少し下がっていることで相手を軽く見下しているような印象になる

理不尽なことに対して強く意見を言っている。言うときはちゃんと言う、しっかりした性格が伝わる表情

CHAPTER 1 表情の基本

委員長タイプ

あゆみちゃん。高校1年生。真面目で優秀。クールに見えるけどそうでもない。ボ〜〜っとしているときがある。言葉遣いは丁寧だけどキツイ一言も言う。1人っ子。弟が欲しかったと思っている。少しお嬢様気質。生徒会に所属。

表情集

真顔だけど口角に丸みを帯びた口の形でサラッとキツイ一言を言っている様子がうかがえる表情

小首をかしげることで髪の流れができ、柔らかい印象になる。屈託のない笑顔

眉と目で驚きを表現し、口の形も少し歪めて描くことで、感嘆しているような表情

名案を考えている表情。手の位置も込めての表情

怪訝な表情。小さく細い口で不満をぶつぶつ言っている様子

自己陶酔してフフッと微笑んでいる表情。目は大きく開いていないが、眉を上げることで、頭に浮かんでいることに意識が向いている様子を表現

17

ギャルタイプ

みさきちゃん。高校1年生。
自由奔放でノリは軽いけど意外としっかりしている。兄弟は弟が1人。弟をからかいつつも可愛がっている。帰宅部。バイトをいろいろとやっている。

表情集

真顔。この子は唇が厚いのが特徴

この子が癖でよくやる表情。唇が厚いのをチャームポイントと思っている

真顔の横顔。チャームポイントである唇の厚さが伝わるように

厚めの唇の小さい開き口で相手をからかっている様子

楽しそうに笑っている表情。首の角度をつけることによってお腹を抱えて笑っている様子もうかがえる。見えていないですが、ポーズを想像できる表情

上のほうの何かを見て「わ〜すごい〜」となっている、軽い興味の表情

主人公タイプ

ゆうたくん。高校1年生。
性格は穏やかでおとなしいけれど普通すぎる自分があまり好きではない。兄弟は姉が2人。女の子に弱い。天文部に所属。宇宙大好き。空想にふける癖がある。

表情集

普段はおとなしいけれど少し怒りつつ意見を言っている表情

「あ～、またやってしまった～」と嘆いている表情

本当に寝ていると口元に脱力感があるが、ほんの少し力が入っていることで寝たふりをしているように見える

普段は見えないまぶたの線を入れることで、通常よりもまぶたが下がって見えるため物憂げな表情になる

「良かった～」と安心した表情だが、口を大きく描き口角も上げることで自己満足も入っている表情。いわゆる「にんまり」とした表情になっている

人の噂話が聞こえて軽い驚きの表情。口の位置を通常より下げることで抜けた印象も与える

CHAPTER 1 表情の基本

インテリタイプ

あきひさくん。高校1年生。
性格はクールで少し意地悪。優秀なことを鼻にかけている。将棋部に所属していて将棋と成績に関しては負けず嫌い。兄弟はいない。少しマザコン気味。メガネをやめてコンタクトにするか迷い中。

表情集

この子はメガネを上げるのが癖。キャラクター固有のポーズがあってもよい

アオリの角度と、口元の表現でフフンと鼻にかけている表情。メガネを上げる仕草もよくあるテンプレートのポーズでわかりやすい

目と眉の形で驚き、口の形を横に広げることで困った様子を表す。ふたつの感情が混在した表情

目を細めて、にやりと笑わせることで「しめしめ」のような軽めの悪巧みの表情

流し目と口元の笑みで自信のあることをかっこつけて言おうとしているキメ顔。少しフカンの角度にすることで表情を強化させている

眉尻が下がっていると柔らかく見えるが、上がっているので余裕を感じさせる

ヤンチャタイプ

コウジくん。高校1年生。
少しヤンキー気質で男っぽいことが好きだけど涙もろいところもある。かっこつけだけどだらしないところもある。部活はやってないが子供の頃から空手の町道場に通っている。兄弟は妹が1人いる。妹大好き。妹に何かあったら命をかけて守るつもり。

表情集

顔を少しうつむかせてニヤリと笑わせることでケンカを買おうとしている余裕の笑みを表現。自信も感じさせる

少し気に入らない何かを見つけたときの表情。わざとわかりやすいへの字口をしている

口元や眉はあまり歪ませないことで、真剣に怒っている様子が伝わる

だらしなく昼寝。でも夢の中では少し困ったことが起こっている。眉の形がポイント。口の位置をずらして口元が緩んでいる表現をしている

昼寝から起きたところで、あくびしている様子。閉じ目のまつげを細くすることで少し間の抜けた寝起き感を出している。大きく縦に開けた口であくびを表現

呼びかけられて「何？」という表情。眉に力が入っていないので怒ってはいない

• CHAPTER 1 •
表情の基本

表情の基本パターン

まずは喜怒哀楽などの表情の基本パターンについて見てみましょう。

喜び

「喜び」の表情の基本形です。何に対して喜んでいるのかで表現は変わってきますが、記号としてはニコッとした眉と目で口を開いていると喜んでいるように見えます。

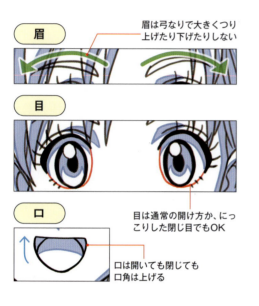

眉は弓なりで大きくつり上げたり下げたりしない

目は通常の開け方か、にっこりした閉じ目でもOK

口は開いても閉じても口角は上げる

正面

斜め

横

さまざまな「喜び」の表情例

わかりやすい「喜び」の表情をピックアップして紹介します。

怒り

「怒り」の表情の基本形です。怒りの度合いや何に対して怒っているのかで変化します。このキャラクターは元々眉尻がつり上がっているので眉間にシワを寄せて目つきも鋭くしています。

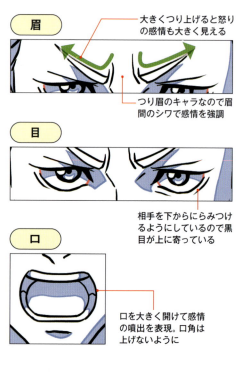

眉
- 大きくつり上げると怒りの感情も大きく見える
- つり眉のキャラなので眉間のシワで感情を強調

目
- 相手を下からにらみつけるようにしているので黒目が上に寄っている

口
- 口を大きく開けて感情の噴出を表現。口角は上げないように

正面

斜め

横

さまざまな「怒り」の表情例
わかりやすい「怒り」の表情をピックアップして紹介します。

悲しみ

「悲しみ」の表情の基本形です。眉尻を下げ悲しげな印象にします。少し困った表情にも見えますが、口をほんの少し開けて悲しみを表現しています。

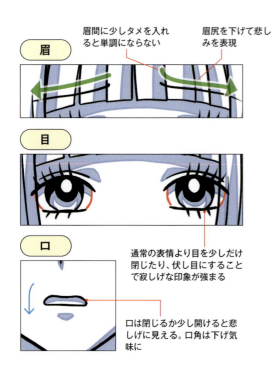

眉間に少しタメを入れると単調にならない

眉尻を下げて悲しみを表現

通常の表情より目を少しだけ閉じたり、伏し目にすることで寂しげな印象が強まる

口は閉じるか少し開けると悲しげに見える。口角は下げ気味に

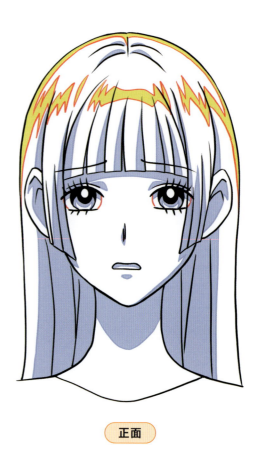

正面

斜め

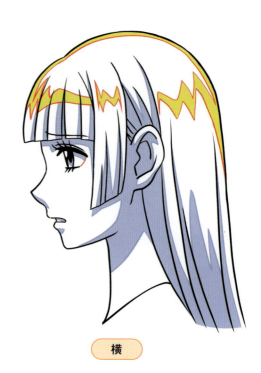

横

さまざまな「悲しみ」の表情例

わかりやすい「悲しみ」の表情をピックアップして紹介します。

楽しい

「楽しい」表情の基本形です。「喜び」と表情の方向性は同じですが、目や口の描き方で楽しさを表現します。にっこりした閉じ目で笑顔を表現し、口は閉じていますが、口角が上がっていることで楽しさを表現しています。

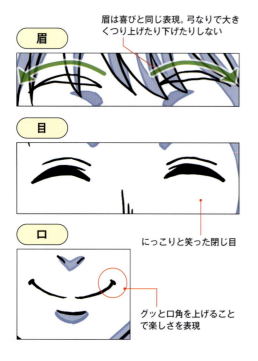

眉は喜びと同じ表現。弓なりで大きくつり上げたり下げたりしない

にっこりと笑った閉じ目

グッと口角を上げることで楽しさを表現

正面

斜め

横

さまざまな「楽しい」の表情例

わかりやすい「楽しい」の表情をピックアップして紹介します。

ここでは「楽しい」と「喜び」を分けて解説していますが、表情ではどちらも似た表現になります。本書では「楽しい」の感情は「喜び」の感情の一部として紹介します。

CHAPTER 1 表情の基本

驚き

「驚き」の表情の基本形です。目を見開くことで眉も上がります。大きく口を開けると驚いた表情になります。歯を見せるかどうかは驚きの度合いとその作品やキャラクターによって決めています。

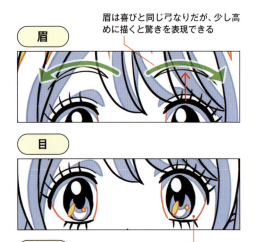

眉は喜びと同じ弓なりだが、少し高めに描くと驚きを表現できる

目が大きいキャラは見開きすぎるとバランスが悪くなるのでほどほどに

口を開けて驚きを表現。口角の位置が高いと怒りに見えるので注意

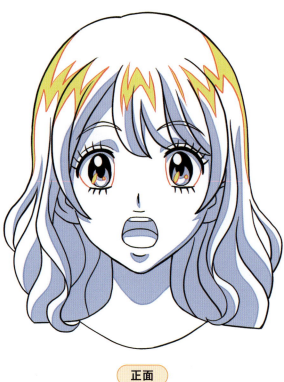

正面

斜め

横

さまざまな「驚き」の表情例

わかりやすい「驚き」の表情をピックアップして紹介します。

嫌悪

「嫌悪」の表情の基本です。「怒り」ほど眉は上がりませんが、眉間にシワを軽く寄せて「怒り」との違いを出します。目もいぶかしげに少しにらむような雰囲気にし、口の形や開け方で嫌悪している感情を表現しています。

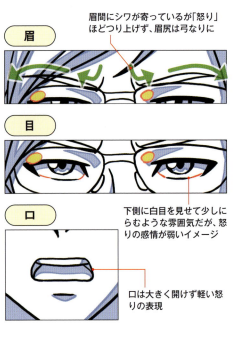

眉間にシワが寄っているが「怒り」ほどつり上げず、眉尻は弓なりに

下側に白目を見せて少しににらむような雰囲気だが、怒りの感情が弱いイメージ

口は大きく開けず軽い怒りの表現

正面

斜め

横

さまざまな「嫌悪」の表情例

わかりやすい「嫌悪」の表情をピックアップして紹介します。

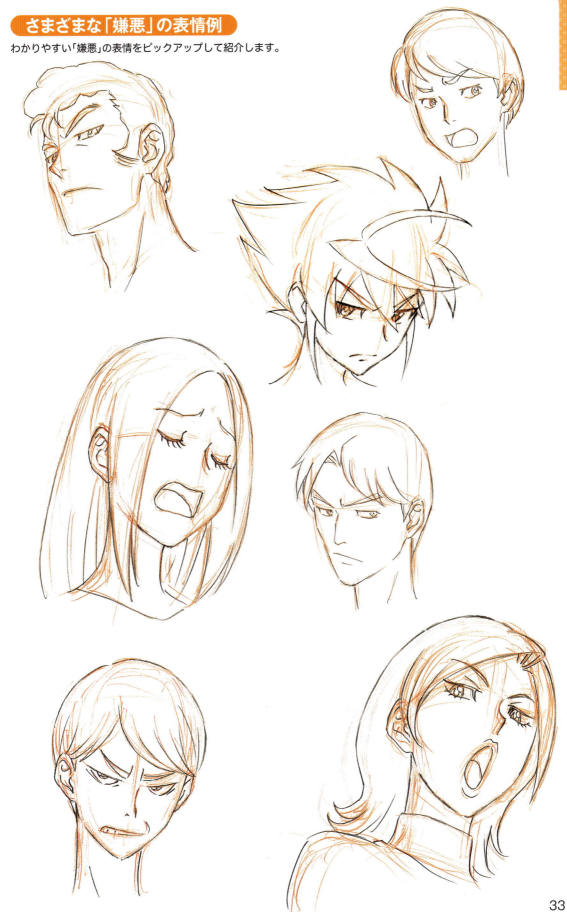

• CHAPTER 1 •
表情の基本

記号で表情を描く

表情は記号化することでより伝わりやすくなります。ここでは記号を使った表現方法を解説します。

漫画的表現を活用

笑顔、怒り顔、悲しい顔に漫符という漫画的な表現を追加することで、さまざまな表情を作ることができます。ちょっとした違いで無限大の表現が可能です。基本の表情にそれぞれの表現を追加した例をあげます。記号を足すことでどのように印象が変わるのかを見てみましょう。

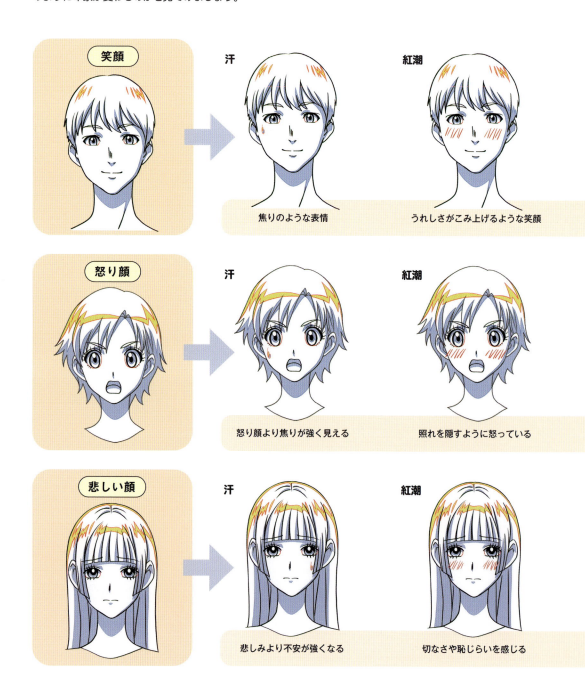

Hint 記号の量で感情をコントロール

汗は入れる場所や量によっても印象が変化します。紅潮したときのタッチは単調にならないようにランダムに細かく入れたり、青ざめたタッチはマジックで引いたような直線的な太い線で描いたりなど、表現方法によっても印象は違ってきます。また、複数の記号を組み合わせても効果的です。いろいろと試してみましょう。

CHAPTER 1 表情の基本

汗の量を増やすことで、より焦っている雰囲気や気まずい雰囲気が増す

紅潮のタッチを増やすことで真っ赤になって照れている様子が強まる

青ざめ

軽くショックを受けているような表情

涙

少し吹っ切れているような雰囲気が出る

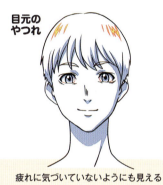

目元のやつれ

疲れに気づいていないようにも見える

青ざめ

ショックの大きさが強く見える

涙

感情が涙と共に溢れているような表情

目元のやつれ

疲れからハイ状態のような雰囲気

青ざめ

落ち込んでいるように見える

涙

悲しさで涙が頬を伝う

目元のやつれ

元気がなさそうに見える

絵文字の表情を描いてみよう

絵文字は最低限の記号で感情を表現しているので、表情の要素がとてもわかりやすいです。それをもう少しアニメキャラに寄せて無理のない感じで表現してみました。ほぼそのままなのではないかとは思いますが、記号的な表現をどのようにイラストに落とし込んだのかに注目して見比べてみてください。

普通に目を開いた状態なので目はパッチリと開けています。絵文字で歯が見えているのでイラストのほうも歯を見せた開け口にしています。

ニカッと笑った歯を見せた笑い口と笑顔の閉目を再現しています。

涙が出るほど爆笑している表情です。特徴的な涙や歯を見せた口と顔の角度も絵文字の要素を取り入れています。

絵文字の目線と口元の歪みで、ちょっと小馬鹿にしたフフンという感じを再現しています。

CHAPTER 1 表情の基本

頬を赤らめてニッコリ笑っている表情です。特徴的な薄く笑っている口元を再現しています。頬の丸く赤い部分はブラシ処理やタッチ処理でもよいでしょう。

瞳がうるうるしつつちょっと不安気な表情。右上を見ているような目線も再現しています。

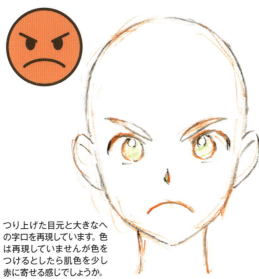

つり上げた目元と大きなへの字口を再現しています。色は再現していませんが色をつけるとしたら肌色を少し赤に寄せる感じでしょうか。

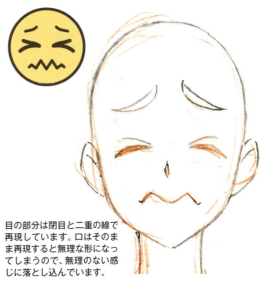

目の部分は閉目と二重の線で再現しています。口はそのまま再現すると無理な形になってしまうので、無理のない感じに落とし込んでいます。

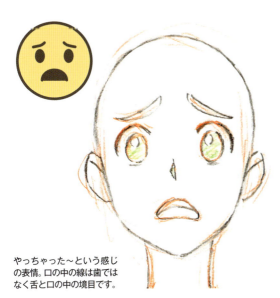

やっちゃった〜という感じの表情。口の中の線は歯ではなく舌と口の中の境目です。

基本は、表情を作るポイントになる「眉」「目」「口」の形に注目して自身の絵に落とし込むとよいです。

37

• CHAPTER 1 •
表情の基本

デフォルメの表情

記号的な表現を知るうえでデフォルメは参考になります。ここではデフォルメした表情について解説します。

デフォルメしてみよう

デフォルメキャラクターでは、顔の各パーツをシンプルに記号化しつつ、表情をオーバーに見せるため際立たせる部分を大きくしたりします。p.36では顔文字を表情に落とし込みましたが、デフォルメは逆に絵文字にするようなイメージです。

髪型のようなキャラの特徴を表すポイントは残す

目自体は大きく、黒目を小さくして大きさの対比を見せるのもGOOD

表情を作るパーツはデフォルメを強くする

輪郭や耳などキャラの個性が出にくい部分は崩してもOK

感情ごとのデフォルメ例

基本系のデフォルメ。パーツの誇張は最低限にして、なるべく形を崩さずに全体をちび化している

怒りのデフォルメ。ポイントとなる眉のシワや大きな口を誇張している。さらに怒りの漫符を使って感情を強化

にっこり顔のデフォルメ。あまり誇張してしまうと極端になりすぎてしまうので、パーツを大きく描きすぎないようにしている

泣き顔のデフォルメ。涙で潤んだ瞳を誇張して表現。このキャラクターの場合、あまりデフォルメで崩してしまうとクールな印象が弱まってしまうので、デフォルメは少なめに

驚き顔のデフォルメ。わかりやすく目を大きく誇張。左ページのように口まで大きくしてしまうとキャラクターの印象と離れてしまうため口の誇張は控えめ

嫌悪顔のデフォルメ。ここで目や口を大きく誇張してしまうと、「嫌悪」の感情がコミカルになってしまうので、あまり誇張せず表情をシンプルにする程度に留めている

CHAPTER 1　表情の基本

39

デフォルメのポイント

パーツを大きくする

目や口などのパーツを大きくし、簡略化（記号化）するのが基本です。全体の線の量も間引いて簡略化しますが、キャラの特徴は残すようにしましょう。カナちゃんの場合、分け目の位置や髪の跳ねる位置、襟足の長さなど特徴的な部分は残してデフォルメしています。

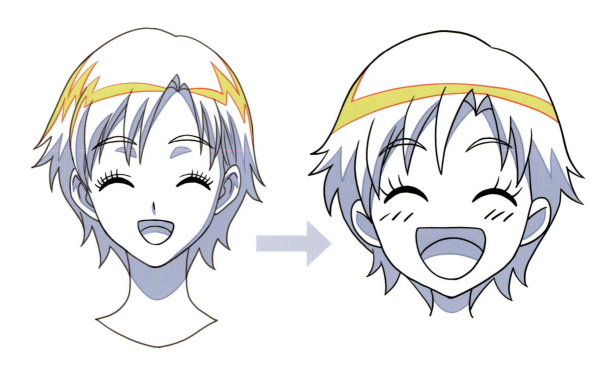

感情表現を誇張する

目、口のパーツを大きくすると先述しましたが、感情が出ている表情のときは伝えたい感情部分を誇張すると、より表情が伝わりやすくなります。たとえば、怒っているときは目のつり上げを大きくしたり、不満なときは口を強調して尖らせることでどの感情を相手に伝えたいのかが明確になります。

大げさに表現する

ギャグ的な表現をするときは、顔の輪郭は人体を無視して大げさにしてもOKです。驚いて目や口が輪郭からはみ出る表現は古くから使われています。全部がこの調子だとキャラクターがわかりにくくなってしまうので、ポイント的に使うようにしましょう。

Hint　デフォルメの注意点

アニメ作品だとデフォルメしてもどのキャラクターかわかるように、ヘアスタイルは大きく変えないようにしています。下の図は、表情は変えずに髪型だけ変更してみた例です。髪型の違いだけで別のキャラクターに見えますね。このように髪型はかなり重要な要素になるので、デフォルメする際に意識してみてください。

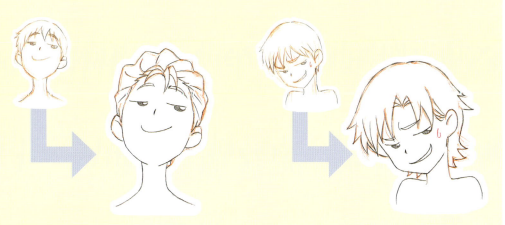

ただし、強風にあおられたり水に濡れたりなど、シチュエーションによっては髪型にも変化をつけたほうが自然な場合もあります。

CHAPTER 1　表情の基本

デフォルメの度合い

デフォルメの方法は絵柄や作風によってさまざまです。デフォルメの度合いによって雰囲気も大きく変わるので、どのように変化するかを見てみましょう。

デフォルメ度

弱 ↓

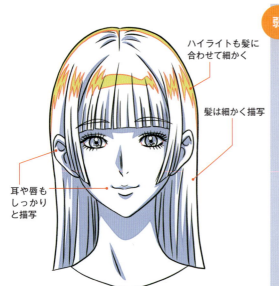

- ハイライトも髪に合わせて細かく
- 髪は細かく描写
- 耳や唇もしっかりと描写

リアル寄りなので、パーツは細かく描写

- ハイライトも髪に合わせて簡略化する
- 耳や唇は少しシンプルに
- 髪の線を少なく

少しデフォルメ。まつげの描写も簡略化

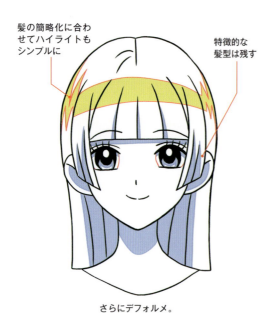

- 髪の簡略化に合わせてハイライトもシンプルに
- 特徴的な髪型は残す

さらにデフォルメ。線だけでなく影の形も簡略化する

- ハイライトは記号化
- 特徴的なサイドの髪は少し誇張
- キャラクターを表すまつ毛は残す

デフォルメ強め。記号化するくらいの感覚

↓ 強

ポーズで誇張しよう

感情は表情だけでなくポーズを大げさにすることで、よりわかりやすく伝えられます。特にデフォルメの場合、記号化した表情だけでは感情を十分に表現できない場合があるので、ポーズを使って感情を誇張しましょう。

ポーズを追加 →

表情だけでも笑顔であることは伝わるが、ポーズをつけることで、飛び上がるくらい喜んでいることが伝わる

ポーズを追加 →

同じような表情でポーズを変えたパターン。ポーズによって怒りの度合いが違って見える

体の動きを小さくすると内に秘めた怒りのように見える

体の動きを大きくすると怒りを噴出したように見える

CHAPTER 1　表情の基本

43

Column

アニメ現場でよくある表情の修正

実際の人間の場合、感情のグラデーションは無限にあり、感情が表出していない場合もありますが、イラストやアニメでは見る側に感情を伝えることが重要です。これはアニメの制作現場でもよくあるのですが、伝えたい表情が弱い「ぬるい表情」で上がってくることがよくあります。たとえば、下の左の図を見てみてください。怒った表情ですが、どこが「ぬるい」と感じるかわかりますか？ 一緒に考えてみましょう。

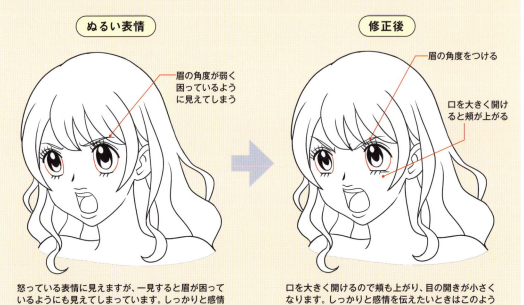

怒っている表情に見えますが、一見すると眉が困っているようにも見えてしまっています。しっかりと感情を伝えるために、もう少し眉をつり上げて怒りを伝えるようにしましょう。口も大きく修正したものが右の図になります。

口を大きく開けるので頬も上がり、目の開きが小さくなります。しっかりと感情を伝えたいときはこのように少し大げさに表情をつけるほうが違和感がなくなります。

続いては目線の話です。真横を見ているときに左図のようになっていると少し前の左側を見ているように感じてしまうので、もう少し横に目線を持っていくようにしています。キャラクターが見ている対象の位置次第なので、どこを見ているのかをしっかり意識するようにしましょう。

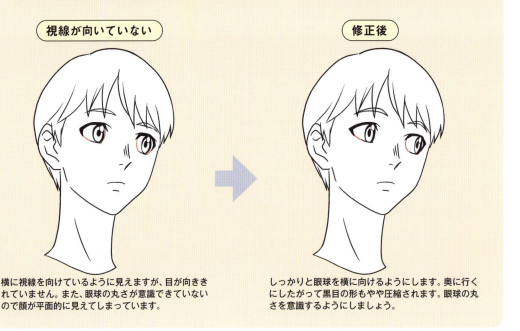

横に視線を向けているように見えますが、目が向ききれていません。また、眼球の丸さが意識できていないので顔が平面的に見えてしまっています。

しっかりと眼球を横に向けるようにします。奥に行くにしたがって黒目の形もやや圧縮されます。眼球の丸さを意識するようにしましょう。

CHAPTER 2
表情の種類

表情は感情の大きさや感情の混在で変化します。ここでは感情の大きさによる表情の描き分けや、感情が混在する表情について解説していきます。

• CHAPTER 2 •
表情の種類

感情の強弱

感情には大きさがあり、表情にも影響があります。ここでは感情の強弱による表情の変化について解説します。

感情には大きさがある

怒りの表情といっても、イラッとした表情から激怒の表情まで感情の大きさによって表現が変わってきます。喜びや悲しみも同様で、感情の大きさは表情を作る上で重要な要素になります。ここでは感情の大きさの表現方法について解説していきます。

笑顔

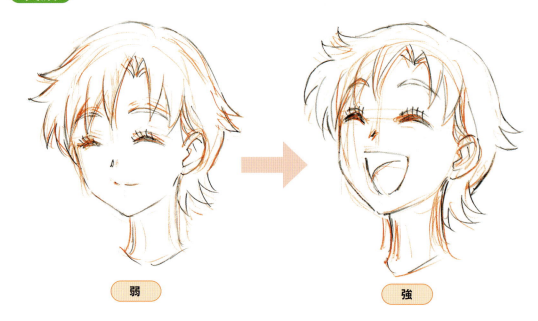

弱　　　強

怒り顔

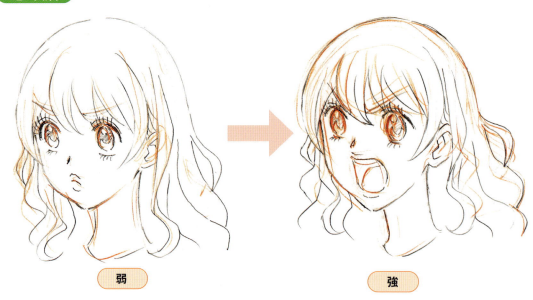

弱　　　強

46

感情の大きさを見てみよう

まずは笑顔の感情の大きさを、簡略化した絵で見てみましょう。基本の表情と同じで「眉」「目」「口」で表現するのは変わりません。感情が大きくなればなるほど口や目は大きく開くということを基本と考えましょう。さらに大きく表現したいときは顔の向きの上げ下げや体の動きで強化するようにしています。

微笑みくらいの笑顔
微笑みなので、全体的に表現は小さめ

ニッコリ
少し感情が大きくなるので、目の表現を強めた。目のカーブが大きくなると少し感情が大きく見える

笑い
さらに感情を大きくするために、口を開けてみた。口を開けることで声を出して笑っているような印象になるので感情が大きく見える

大笑い
開けた口を大きくすることで、大笑いしているように見える。まずは感情の大きさ＝パーツの大きさと考えてみよう

喜びの度合い

表情の種類ごとに感情の大きさを4レベルに分けて見ていきましょう。どのように印象が変わるかに注目してください。「喜び」の表情は「楽しい」に近い、にっこりとした目を例に紹介します。

感情レベル1

喜びの度合いが弱い表情です。にっこりと微笑んでいるイメージで各パーツは通常サイズで描いていて、口はここから大きくなっていきます。

感情レベル2

喜びの感情が少し外に出ている表情です。にっこりと笑った目も少しカーブを強くすることで優しげな印象から元気な印象が追加されています。

感情レベル3

感情の大きさを表すのに、表情だけでは限界があるので、顔の角度にも変化を入れていきます。首の角度を上向きにすることで、上を向いて笑っているような印象を追加しています。顔の角度を上に向けることで、感情が大きく外に出ている様子を表現できます。

感情レベル4

大声で笑っているような表情です。声を出すことで口が大きく開くので口が閉じているときより輪郭が長くなります。髪を少し跳ねさせると笑って動いている様子を表現できます。

Hint　輪郭の長さにも注目

感情が大きくなると口も大きく開くので、輪郭が少し縦長に変化します。

CHAPTER 2　表情の種類

怒りの度合い

「怒り」の度合いは眉の角度やにらみつけるような目などに変化が現れます。また、怒りの感情は大きくなると表出しやすくなるので顔の動きにも注目してみてください。

感情レベル1

怒りの度合いが弱い表情で、唇を尖らせて少しムッとしたような様子です。まだそんなに怒っていないイメージなので各パーツは通常サイズで描いています。

感情レベル2

怒りの感情が少し外に出ている表情です。目に力が入るので眉間にシワが寄ります。にらみつけるので視線は少し上に向け、口角を下げます。

(感情レベル3)

さらに力が入り、少し目の開きが小さくなります。眉のつり上げに加えて目の大きさでも怒りの感情を表現します。怒りが全面に出る前に少し下がっているような雰囲気で怒りの度合いを強めています。

(感情レベル4)

大声で怒鳴るような表情です。口も目も大きく開き感情が表に強く出ている様子を表現します。「喜び」の表情と同様に口を開けることで輪郭も少し長くなります。髪も少し広げることで前のめりになりながら怒鳴っている動きを表現しています。レベル3で少し下がった状態から、怒りとともに体を前に押し出すようにすることで感情の大きさも表現しています。

 口を大きく開けた分、輪郭を伸ばすこともありますが、伸ばすのにも限度があるので鼻の位置も上げることで全体のバランスを崩れにくくしています。

Hint 髪の動きに注目

感情が表に出ると体も動きます。その動きは髪にも影響するので、変化を与えると感情も大きく見えます。

悲しみの度合い

「悲しみ」の度合いは悲しみをこらえる状態から噴出するまでを表現してみました。こらえるときの目や口の表現と噴出した後の表現の違いに注目してみてください。

感情レベル1

悲しみの度合いが弱い表情です。まだ悲しみをこらえて表に出ないように各パーツに少し力が入っている様子です。眉や口角は下がっているので悲しさが伝わります。

感情レベル2

悲しみの感情が抑えきれなくなってきている様子です。眉や口だけでなく、目にも力が入りグッと目尻が下がっています。レベル1よりも各パーツに力が入っているような印象になります。

感情レベル3

悲しみをこらえるために、パーツだけでなく顔も下向きにしていますが、こらえきれない涙が溢れてしまった表情です。涙は零れていますが、眉間にシワを寄せたり、唇の描写をしっかり描くことで、眉や口に力を込めてこらえているような様子を表現しています。

感情レベル4

号泣の表情になると、下を向くよりは感情が大きく外に出ているので顔を上に向けると自然に見えます。

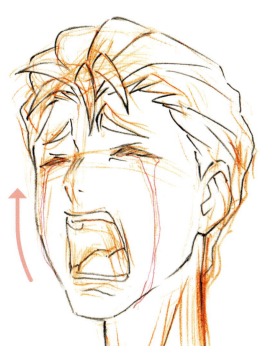

Hint　顔は上向き？下向き？

緊張や恐怖など感情が内側に向いているときは顔は下向きに、興味や自信があるなど感情が外側に向いているときは上向きになりやすいという心理があります。感情を表現するときには顔の向きにも注目してみてください。

こらえているときは下向き

号泣して感情が外にでたら上向き

驚きの度合い

「驚き」の度合いはちょっとした気づきから、声を出してしまうくらいの驚きまでを表現してみました。目を見開いたり眉が高くなったりするほか、体の前後の動きにも注目してみてください。

感情レベル1

驚きの感情が弱い表情。驚きというよりは小さな気づきの雰囲気です。眉と目は大きな変化はありませんが、口を少し開けることで何かに気づいた様子を表現しています。

感情レベル2

対象物を認識したときの表情です。目が少し開かれたことで眉も一緒に上がります。

> **感情レベル3**

驚いたことで体が少し後ろに反るので顔が上を向きます。まぶたと黒目を離すことで目を見開いた表現になります。さらに口を開けることで驚きから声が出ているような様子を表しています。

> **感情レベル4**

驚いて思わず大きな声が出てしまっているような様子です。レベル3より目や口を大きく開き、眉も上げることで感情の大きさを表現します。

Hint　リアクションを追加する

アニメで動きを見せるときは、レベル4の前に沈んだ絵を入れて、より驚きが引き立つようにリアクションを追加することもあります。この沈んだ様子は「つぶし」と呼び、アニメーションではよく使われる表現です。これを入れることで動きや表情にメリハリが生まれます。ほかにもリアクションを追加することで感情をより大きく見せたり、違った表現に見せることもできます。

つぶし

重ねた状態

恐怖の度合い

「恐怖」の度合いです。ビクビクした状態から声を出して驚くまでを表現しました。レベル4ではアゴが外れてしまっているくらい大きく口を開け、恐怖を表現しています。

感情レベル1

何か違和感を感じて不安になってきている表情です。眉と口元に少し緊張が出ている感じです。

感情レベル2

1の表情からもう少し目を凝らして恐怖の対象物を見ている表情です。左目の下に少しタッチを入れてバランスをくずして、不穏な感じを表現しています。

感情レベル3

恐怖の対象物が何なのかを理解して、一気にゾッとしている表情です。目の下のタッチも増やして、口元にも力が入っているのでタッチを入れています。

感情レベル4

恐怖に耐えきれなくなって声を上げてしまっている表情です。大きく口を開け、目も見開くことで、今にも泣きそうな感じを出しています。

Hint　同トレスで震えを表現

アニメの場合、同じ原画を動画で2枚トレスして、微妙な差異で震えを表現したりします。これを同トレスといいます。同トレスだけでなく部分的に震えを大きくするために、この部分は大きくブレるなど、細かい指定を入れることもあります。

脱力の度合い

基本の感情からは少し離れますが、「脱力」の度合いについても見てみましょう。気が抜けたような、睡魔と戦うようなそんな表情を表現しました。目や口の変化と顔の傾きについても注目してみてください。

感情レベル1

対象物への興味が薄れていき、最終的にはウトウトしてしまうような雰囲気で脱力の度合いを表現した表情です。最初から目が少し閉じ気味であまり真剣に話を聞いていないような雰囲気が感じられます。

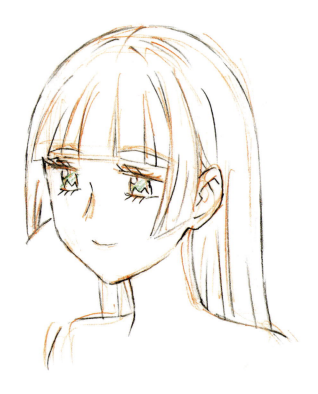

感情レベル2

目もさらに閉じ気味になり、眉も下げることで力の抜け具合を表現しています。力が抜けていくので、顔の位置も少しずつ下がっています。

> 感情レベル3

脱力により口元が少し緩くなり、口が薄く開いています。顔の位置だけでなく向きも下向きにして、さらに力が抜けた印象を強めます。目は半分くらい閉じかけていて目線が合っていない様子がうかがえる表情です。

> 感情レベル4

目の開きや眉の下がりに加え、口元はよだれを垂らした表現にすることで、かなり脱力している雰囲気を出しています。首を傾け、頭を下げることで体にも力が入っていないことがうかがえます。

CHAPTER 2 表情の種類

Hint　意識のオンとオフ

現実世界でも、家で1人でボーっとしているときの顔と人前に出るときの顔では違いがあるかと思います。多少なりとも顔を作っているというか、意識の変化があってその出し方にも個人差はあるので、そういう部分もキャラクターの特性になるのです。目元を少しだけ閉じたような表現にすると1人のときのぼんやりとした印象に見えます。逆に目をちゃんと開けて描くだけでも目線がしっかりするので、外向きの印象が強まります。いわゆるオンとオフについて考えることで、より表現の幅が広がります。

目がパッチリしていると相手や物事に意識が向いている雰囲気になる

• CHAPTER 2 •
表情の種類

感情の混在

感情を組み合わせると、より複雑な表現が可能です。ここでは複数の感情が混在した表情について解説します。

感情はひとつじゃない

ここまで「喜び」「怒り」「悲しみ」「楽しさ」「驚き」「嫌悪」「脱力」など感情をひとつずつ解説していましたが、感情は必ずしもひとつとは限りません。うれしくて涙がでたり、怒っていたのにおかしくて笑ってしまうなんてこともあります。このようにさまざまな感情が入り混じることで、複雑な表情が生まれます。ここではそんな感情の組み合わせ例を少し紹介していきます。

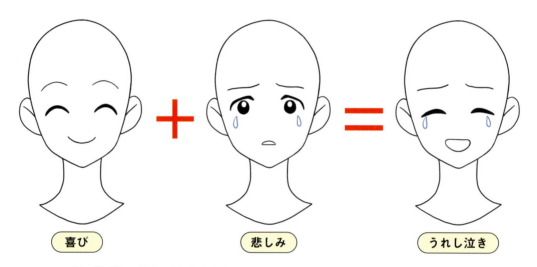

「喜び」と「悲しみ」を組み合わせるとうれし泣きや笑いすぎて泣いてしまっているという表現にもなる

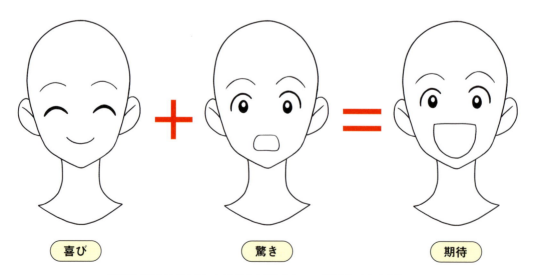

「喜び」と「驚き」を組み合わせると驚きながら喜んでいる「期待」のような表情になる

喜び+悲しみ

2つの感情のどちらの割合が大きいかによってニュアンスは変わってきます。基本的に悲しさを表現するため眉尻は下がり気味で、喜びを表現する口は感情のコントロールの迷いもあって口角に力が入っているようなところがポイントです。

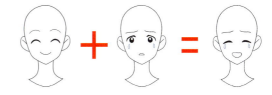

実例

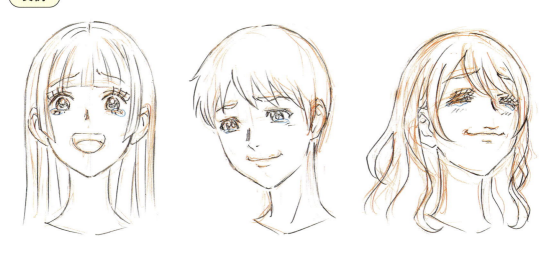

怒り+喜び

冗談交じりに怒っているときや、嫌味っぽいことを相手に言うときなどの表情です。眉尻は上がり気味で眉間に力が入ってシワが寄ったりします。笑い口の描き方で感情の差を出します。

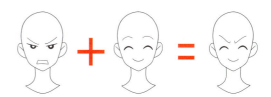

実例

喜び＋驚き

うれしい驚きの表情になるので、眉が上がって目を見開いた驚きと口角が上がった大きい口にすると、この表情になります。うれしい出来事や知らせがあったときに、この表情はよく使います。

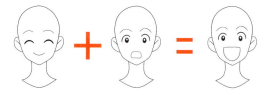

実例

怒り＋驚き

驚きなので、眉は上がり、眉尻も上がります。口角を上げない大きな口か、歯が見える閉じ口で表現することが多いです。驚きも混ざることで、瞬間的な怒りの表現としてもよく使っています。

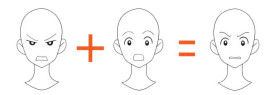

実例

怒り＋悲しみ

この2つの表情が合わさると悔しいという表情になります。悲しみの割合が大きいと悔し泣きの表現になります。眉尻を上げるか下げるかで、その辺の微妙な差異が出せます。

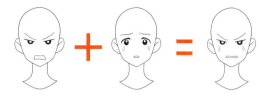

実例

> アニメではキャラクターの表情は大きくわかりやすくすることが多いですが、実際の人間の表現ではそこまでオーバーになることは少なく、絵で実写のように描き分けるのは難しいかと思います。映像の演出や、人間の察する能力で微妙な感情の差異を受け取ることのほうが多いのではないでしょうか。怒っているから怒った顔、悲しいから泣いている顔、という単純なものではなくて、無表情で何も言葉を発していなくてもいろいろな感情があると考えられます。
> その表出しない感情を描き分けるには、描いているキャラクターの内面の感情をひたすら想像して自分と同化するしかないと思います。もちろん、それを絵に表現できたとしても、すべての人に意図通りに伝わるかどうかはわかりません。それでも、その気持ちになって描けば伝わると信じて描くしかないと思っています。

• CHAPTER 2 •

表情の種類

表情の変化

表情の変化を見せることで、感情の揺れ動きを伝えることもできます。ここでは一例を紹介します。

表情変化の流れ

アニメでは動きを描くので、表情も細かく変化していきます。ここでは泣き顔→笑顔→驚き顔→怒り顔へと変化する表情について解説します。

①眉間にシワを寄せて、泣くのをこらえるような表情。少し上を向かせて、次の下を向く動作との差を大きくする

②下を向いて涙をぬぐう前の予備動作を入れる。床に視線を落として悲しさを表現

③手だけを目元に持ってくるのではなく、同時に顔も近づけると自然な印象に

④顔を右側に向け、涙をぬぐう動作。悲しい表情は変えず、手元で口や目が見えにくいので眉はしっかりと描写する

⑤左目から右目に手を動かすのと同時に顔は左側に動かす

⑥目元を擦っているので、目が少し上に上がっている。少し落ち着いてきているので眉のシワが弱まり穏やかな表情に変化している

表情の流れ

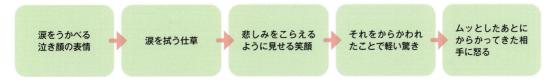

顔のパーツと首から上だけですべてを表現するのは難しいため、顔の角度や肩も含めて感情を見せるようにしています。動き自体は地味ですが、アニメではよくある表情芝居になります。動きの流れでゆっくり見せたいところとパッと表情が変わったりするところのタイミングで、表情変化の見え方に結構違いが出ると思います。

⑦口角は下がっているが、眉間のシワがなくなったことで穏やかな印象のほうが強くなっている

⑧泣きの表情から笑顔への変化は時間がかかるので、ゆっくり見せることで感情の変化の間を表現している

⑨悲しみをこらえて笑顔に変化する途中の表情。眉は下がっているが口元は笑顔が見えるので、複雑な感情がうかがえる

⑩眉は穏やかな弓なりに、口元も笑っているが目は少し閉じているため悲しさが残るよぅな表情になっている

⑪目元や口元は笑顔だが、眉が少し下がっていることでちょっとだけ無理して笑っているような表現に。目元のタッチで泣いて目が腫れている表現を追加している

⑫相手にからかわれたことに気づいた「きょとん」とした表情。驚きの感情は弱いが、少し目を開くことで気づいた感じを出している

⑬ムッとして一気に表情が変わる。眉をしかめ口がへの字に。肩をすくませ下から覗き込むような上目遣いで不服な様子を表現している

⑭ムッとした雰囲気から、明確に怒りに変わった表情。眉間にシワが寄り、目もジトッとした雰囲気になっている。口を一度閉じて次の声を出す前の動作を見せている

⑮下からにらみつけるような動きから、顔を上げて感情を外に向けている。動きが大きいほど感情も大きく見えるので1つ前の動作との差を大きくしている

タイムシート

アニメーション制作では、タイムシートという次の工程への指示を記入するものがあります。1秒を24コマとして、描いた画を何コマ見せるかを書き込みます。本書では簡略化していますが、セリフや背景、カメラワークなど撮影時に必要な情報が書き込めるようになっています。今回の表情変化でもアニメーションにすることを想定して、タイムシートを作っています。中割は作成せず、原画のみをつなげていますが、中割りをどこに入れるかの指示も入れています。

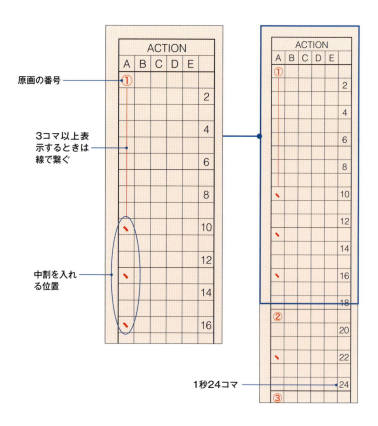

原画の番号

3コマ以上表示するときは線で繋ぐ

中割を入れる位置

1秒24コマ

作例のタイムシート

見せたい部分は、原画や中割を細かく入れてしっかりと動きを見せるようにし、パッと表情が変わる部分は画を長めに見せて、あまり動きをつけないようにしています。

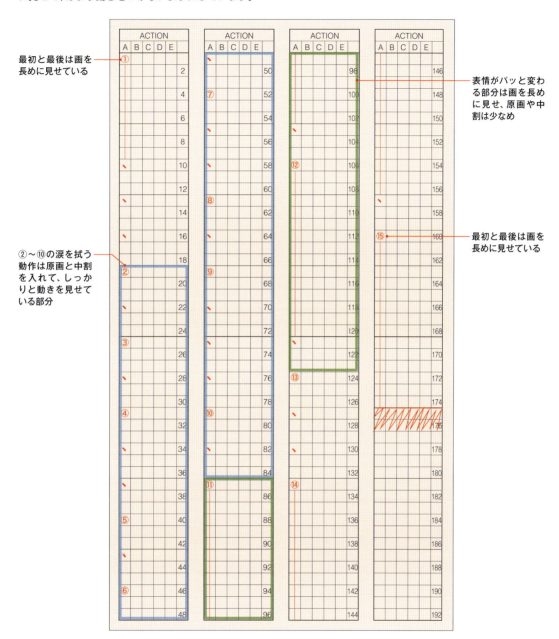

- 最初と最後は画を長めに見せている
- ②〜⑩の涙を拭う動作は原画と中割を入れて、しっかりと動きを見せている部分
- 表情がパッと変わる部分は画を長めに見せ、原画や中割は少なめ
- 最初と最後は画を長めに見せている

カナちゃんは感情表現が豊かで表情がコロコロと変化する女の子です。さっきまで泣いてたのにもう笑っているという感じです。とはいえ悲しい感情の表情から笑顔になるまでにはある程度時間がかかると思うので、そこはゆっくり見せつつ、そこからきょとんとした表情になるときはパッと変わって、徐々にムッとしている表情になり、そこからまたパッと怒りの表情に変わります。というように、表情の変化でもゆっくり見せるところとパッと変わるところでスピードの違いを意識しています。

表情変化の作例アニメ動画

原画のカットをつなげた動画はURLと二次元コードから見ることができます。

URL https://movie.sbcr.jp/E5CK62/

Column

閉じ目の位置

アニメキャラクターの場合、特に目が大きいキャラが多いので、閉じ目のときの目の位置に注意が必要です。閉じ目を下まぶたの位置に合わせてしまうと、目の上側が大きく空いてしまいバランスが悪く感じることがあります。なので下まぶたより少しだけ上に描くようにしています。バランスを重視して閉じ目の位置を決めるようにしています。もちろん真ん中すぎてもバランスが悪いので少し上げるようなイメージです。

目を閉じるときは開いた目の下側ピッタリではなく少し上になる

重ねるとこう！

閉じ目の形の違い

閉じ目にも種類があり、大まかに分けると、まばたきくらいの閉じ目、力の入った閉じ目、笑顔の閉じ目の3つになります。

まばたきの閉じ目

力の入った閉じ目

笑顔の閉じ目

目の位置
自然に目を閉じている状態。開き目の下まぶたより少し上の位置にくる

目の位置
力が入っているので眉頭は少し下がり、目はまばたきの閉じ目より位置が上になる

目の位置
絵柄によってもことなるがまばたきの閉じ目より少し上側になる

CHAPTER 3
感情の演出

ここではアングルによる感情の見せ方やキャラクター性を意識した表情のつけ方など、より感情を伝えるための演出方法について解説していきます。

• CHAPTER 3 •

感情の演出

アングルで感情を強化

アオリ、フカンなどのアングルを使うことで、感情やキャラクター性を強化することができます。

アオリとフカンを使う

顔のパーツの表情だけで感情を表現するのには限界があるので、首、肩、身体の表現とともに、カメラアングルで感情を表現したりもします。アングルごとの印象の違いや表情描写の注意点を見ていきましょう。

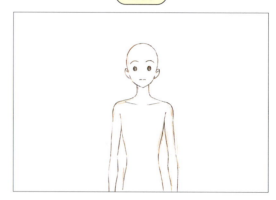

アオリ

低い位置から被写体を撮るアオリのアングルだと、そのキャラクターが勇敢に見えたり巨大に見えたりして力強い感じに見えます。

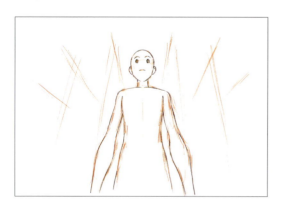
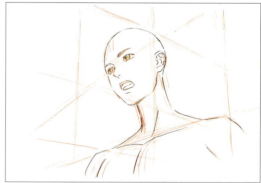

フカン

高い位置から被写体を撮るフカンのアングルだと心細い感じだったりちょっと弱々しい感じに見えたりします。

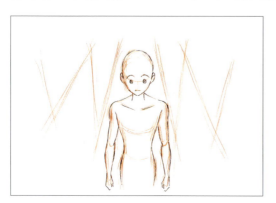

アオリとフカンの注意点

顔の中心線と目のラインで十字を入れてラフを描き始めたとき、アオリの顔を描こうとするとタレ目の顔になったり、フカンの顔を描こうとするとツリ目の顔になったりしていないでしょうか。これは過去に自身がラフを描くときにハマってしまっていたことです。この悩みは、顔の横の面を意識することで改善できます。

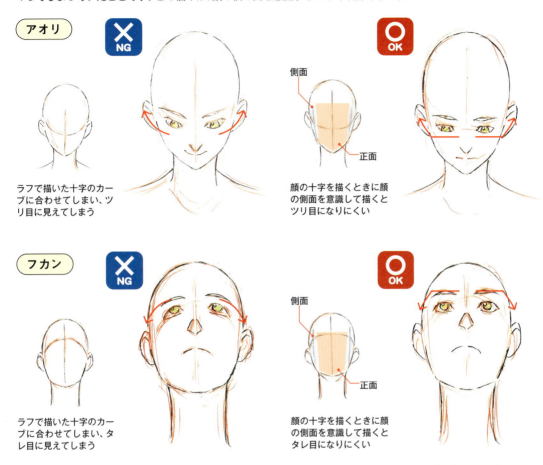

アオリ

NG：ラフで描いた十字のカーブに合わせてしまい、ツリ目に見えてしまう

OK：顔の十字を描くときに顔の側面を意識して描くとツリ目になりにくい

フカン

NG：ラフで描いた十字のカーブに合わせてしまい、タレ目に見えてしまう

OK：顔の十字を描くときに顔の側面を意識して描くとタレ目になりにくい

Hint　アングルと姿勢の関係

アニメの現場で作画監督をしているときによく見かけるアオリの修正を紹介します。同じカメラ位置からアオリのアングルで撮ったとき、まっすぐ立って下を見ているか、少し前傾姿勢になって下を見ているかで表現が変わってきます。カメラを覗き込んでいる場合は、左の形でもOKですが、直立しているシーンなのに覗き込んでいるような表現をしていることがあるので、カメラに対する体の角度についても注意しましょう。

覗き込んでいる状態

直立の状態

Column

ツリ目のアオリとタレ目のフカン

ツリ目やタレ目のキャラクターの場合、大ラフの補助線に従って描いてしまうとアオリではツリ目がちに、フカンではタレ目がちになってしまいます。ある程度絵の立体的には嘘をついて、アオリでもフカンでもキャライメージを変えないように描くとよいでしょう。

ツリ目

ツリ目をアオリ顔の描き方のコツ（p.71）に合わせて描いてしまうと、ツリ目の印象が弱くなってしまうので、あえてツリ目を強調して描くことでキャラクターの印象を損なわないようにしています。
それぞれの角度から見たツリ目の表現を見てみましょう。

イマイチ

ツリ目っぽく見えるが、目の下のカーブがゆるやかなのでツリ目の印象が弱い

> **タレ目**

タレ目の場合はフカン顔の描き方のコツ(p.71)に合わせて描いてしまうと、タレ目の印象が弱くなってしまいます。こちらもツリ目と同様に、あえてタレ目を強調して描いて、キャラクターの印象を損なわないようにしています。
それぞれの角度から見たタレ目の表現を見てみましょう。

タレ目に見えなくはないが、上まぶたのカーブがゆるやかなので印象が弱い

| 目 | 正面 | 横 |
| アオリ | アオリ斜め | フカン斜め |

• CHAPTER 3 •

感情の演出

役割によるキャラ性の出し方

作品内での役割を意識することで、キャラ性を強化することもできます。ここではヒーロー、ヒロイン、敵役という3つの違った役割のキャラクターについて見てみましょう。

ヒーロー

典型的なアニメヒーローのキャラクターです。コスチュームはSFを意識したバトルスーツです。通常の表情はキリッとした眉でツリ目気味の正義感溢れる雰囲気で、表情も基本的には戦っているときをイメージしました。

立ち絵

基本の表情

表情集

ヒーローらしいキリッとした表情を中心に、髪型がわかるようにさまざまな方向から描いています。

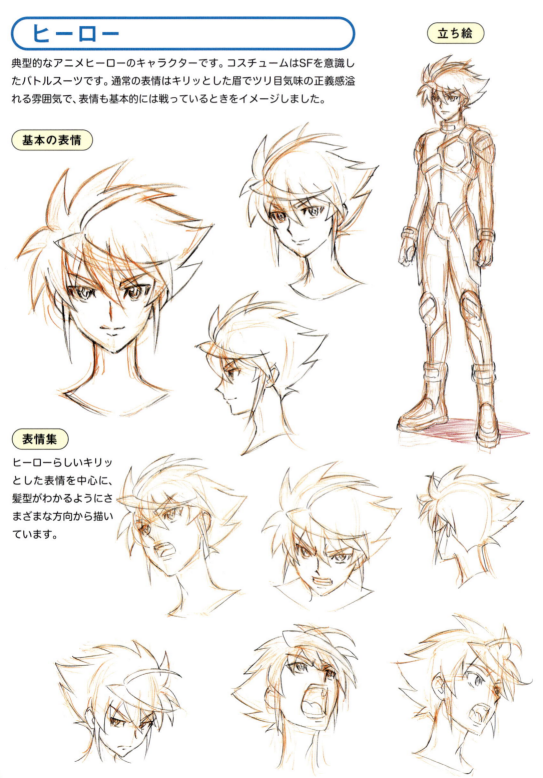

74

キャラ性を強化した表情のつけ方

表情をつけるとき、キャラクター性を意識していないと、感情がこもっていないような雰囲気の「ぬるい表情」(p.44)になってしまいます。左図のほうは眉と目の力強さが足りなくて、口の開け方も叫んでいる口にしては力強さが足りなく見えています。右図のほうはその辺を変更しつつ、アゴも少し引いてグッと前を見るような感じにして、キャラクター性を強化した表情にしています。

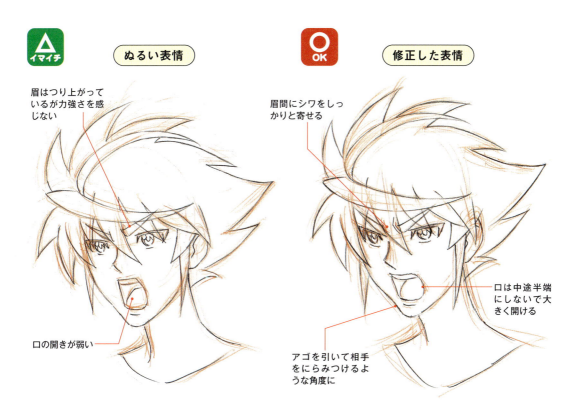

ぬるい表情
- 眉はつり上がっているが力強さを感じない
- 口の開きが弱い

修正した表情
- 眉間にシワをしっかりと寄せる
- 口は中途半端にしないで大きく開ける
- アゴを引いて相手をにらみつけるような角度に

Hint アングルの例

アオリアングルの剣を構えたポーズですが、右図のほうがアオリの広角パースが効いていてかっこよく見えると思います。下からのアングルによる迫力によってヒーローらしい強さが表現できています。どちらが良い悪いではなくシチュエーションによって使い分けるようにしましょう。

ヒロイン

ヒロインキャラクターですが、長いドレスを着たお姫様的なキャラではなくて、ヒーローキャラとパーティーを組んで一緒に旅に出られそうなキャラクターにしました。

> 立ち絵

> 基本の表情

> 表情集

お姫様的な高貴な雰囲気もありつつ、優しい微笑みや可愛い一面もあるイメージで描いています。

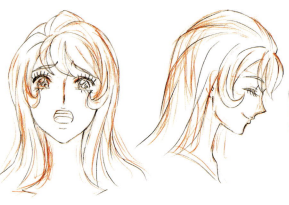

キャラ性を強化した表情のつけ方

どちらもにっこりと微笑みかけている表情ですが、左図はフラットな印象で、右図は少し感情が入っている雰囲気に見えます。右図ではほんの少し首を傾けたり口を薄く開けたりすることで、柔らかい雰囲気を表現しています。これはどちらが正解というわけではないので、シチュエーションによって使い分けてみてください。

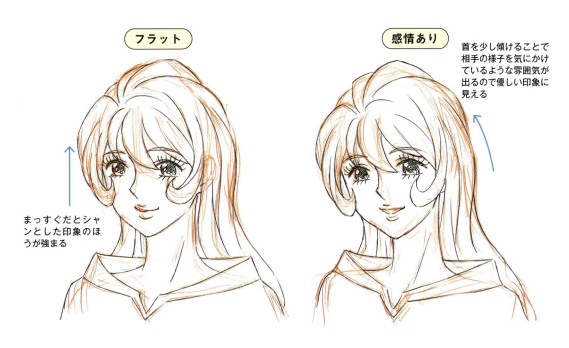

もう一例見てみましょう。左図は顔と体の向きが同じなので整いすぎている印象ですが、右図では顔の向きと肩の向きを少しずらすことでひねりが生まれ、柔和な印象になります。また、下を見ているのでまつ毛も下向きにして、薄い開き口にすることでさらに柔らかい印象を強めています。これもどちらが良い悪いというのではなく、どういった表現をしたいかによって使い分けてみてください。

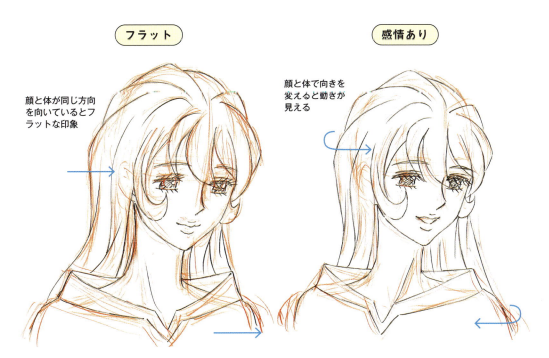

敵役

パワータイプ

敵役は2パターン作ってみました。パワータイプのキャラクターで、戦闘の前面に出てくるようなイメージです。ゴツい体と恐い顔でわかりやすい悪役ですが、表情的にはコミカルなものも入れてちょっと間抜けなところもあるような雰囲気にしています。

表情集

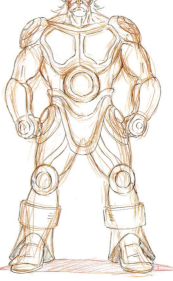

立ち絵

黒幕タイプ

こちらはパワータイプを後ろから操っている黒幕的なキャラクターにしています。クールで冷酷な美形キャラクターを意識しつつ、狂気な部分もあるような表情にしています。この表情パターンではまだ狂気な部分が弱いので、アニメだと本編でもっといかれた表情のシーンがあったほうがよいかと思います。

表情集

立ち絵

キャラ性を強化した表情のつけ方

同じ敵役のキャラクターの表情ですが、左のぬるい表情では目線が定まっていないような中途半端な感じにも見えてしまっています。それぞれ敵役らしい悪い雰囲気を強めた表情に修正してみました。

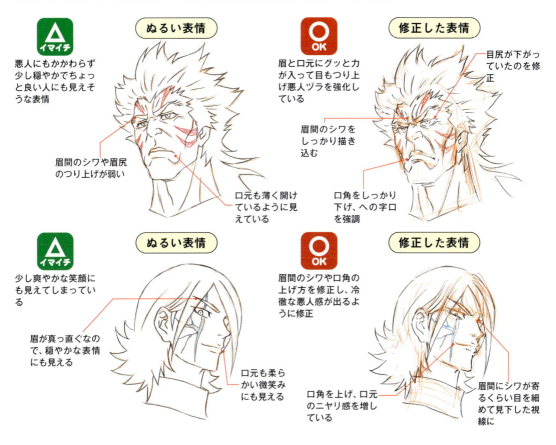

Hint アングルの例

敵役の圧倒的な強さの表現として2つの構図を紹介します。このような顔がみえにくい場面でも表情を想像させるような構図を使って感情を表現することもできます。

アオリのアングルで圧倒的なパワーの敵役に押され気味のヒーローという構図です。実際のこの2人のキャラサイズ対比はここまで差はないのですが、イメージ的に敵役を大きくしています。

フカンのアングルで敵役がカメラ手前にいて、奥に力尽きそうなヒーローが膝をついている構図です。2人共顔が見えませんが、敵役は余裕の笑みで、ヒーローはダメージを受けて苦しそうにしているイメージです。

• CHAPTER 3 •
感情の演出

演出表現による表情

表情が見えなくても、演出方法により感情を表現することもできます。

さまざまな感情表現

顔が見えなくても感情を表現することが可能です。顔の一部を隠したり、手だけを見せたりする演出はアニメでもよく用いられています。ここではアニメの現場でもよく見かける感情の表現方法を紹介します。

目元を隠す

目元をベタ塗りにしてあえて表情の一部を見せない表現です。口角に力が入っているので、悔しさだったり悲しさだったりを感じ取ることができます。目を開けて何かを見ているのか目を閉じているのかもわからないので、見る人に表情を想像させます。

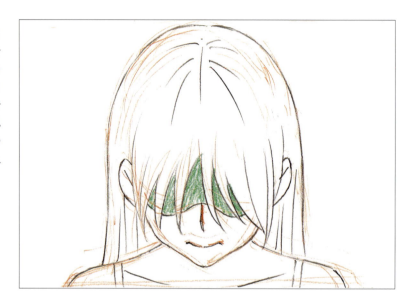

口元のアップ

口元のクローズアップです。口元だけを映すと目元が見えないためどんな表情をしているのかを濁したり、やけに意味ありげな不敵な笑みに見えたりもします。

手のアップ

顔ではないですが、手をアップにしてグッと力が入る動きを見せることで、悔しさだったり決意している様子だったりを表しています。手の震えで怒りを表現したり、動物の場合はシッポの動きで喜びを表現したりすることもできます。

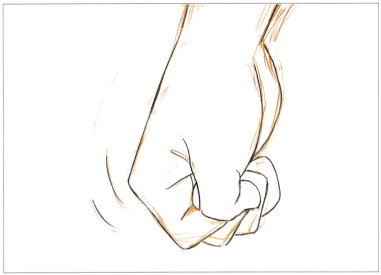

犬のように感情をシッポで表現する場合もパーツのアップは効果的

Hint 歪みを使う

広角レンズよりも歪みの大きい、魚眼レンズで見たような表現です。顔は見えますが、歪んでいて本来の顔をわかりにくくさせ、感情の歪みがより強い様子を表現できます。顔自体の表情にもよりますが、緊迫感や緊張感、恐怖の表現になります。

CHAPTER 3 感情の演出

Column

アニメの嘘

アニメや漫画、イラストなどでは、本来できないようなポーズでも見栄えを優先して描くことがあります。実写ではないからこそできる嘘を効果的に使うことで、より魅力的な絵作りができます。また、アニメの場合は作画コストを考えた処理の方法もあります。

顔を見せたい

向かい合って喋っているシーンですが、手前の人が相手の顔を見ている場合、上のように表情は見えません。それを手前の人の表情を見せてもギリギリ無理がないくらいに表現することがあります。このようにキャラクターの顔が見えるようにする嘘は漫画やアニメでよく見かける表現方法です。

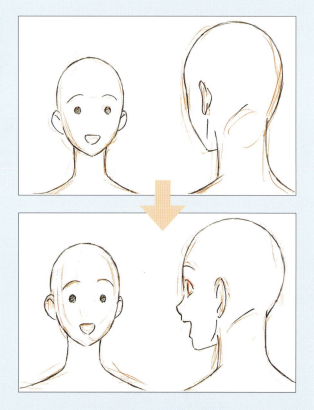

口の処理

横顔のときの口の処理についてです。左図では口だけがこちらよりになっています。漫画やアニメではよくある表現で、表情をオーバーに見せられます。また、アニメだと口だけを動かせばよくなるので、作画コストを考えてこのようにする場合もあります。右図も真横の口ではないですが、ややリアル寄りの表現になります。この口の場合、アゴも動かさないといけないのでアニメーションの作画コストはあがります。

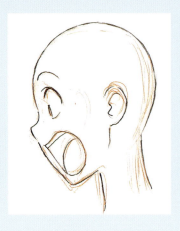 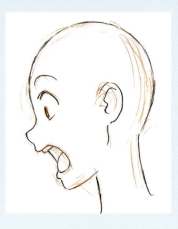

CHAPTER 4
表情実例集

感情やシチュエーションに合わせてさまざまな表情の実例を描きました。模写練習に使ったり、表情作画に迷ったときの参考にしたりすることでお役立てください。

• CHAPTER 4 •

表情実例集

喜びの表情

喜びや楽しみなどのポジティブな感情の表情のほか、悪役に見られる悪い笑顔の例も紹介します。

優しい感情

微笑み

微笑みの口元は自然な形で口角を少し上げるくらいでよい

穏やかな普通の笑みの表情。少しアオリでアゴを前に出しています。これ以上アゴを前に出すと少し鼻にかけた嫌味な笑いの雰囲気になってしまうかもしれません

同じく穏やかな表情ですが、目をほんの少し伏せ気味にして優しさを感じさせる目元に

楽しい

目を見開いて口を大きく開いている「楽しい」を表した典型的な表情です

微笑みの閉じ目とニカッと笑う口がポイントです

口はデフォルメして大きく描いている

目を見開くことで感情が大きく見える

大きく見開いた目と大きく開いた口で同じく楽しさを表現しています

84

関心・感心

瞳のハイライトを大きくするとキラキラ感が増し、より感心している様子が強まる

関心の表情。「フムフム、なるほどなるほど〜」という感じで、手のポーズも込みでの表情です

「うわ〜！」という感じの感心の表情。関心と感心の描き分けとしては、感心のほうが笑顔に近付くように意識しています

興味

下から覗き込んでいる様子。リフトで持ち上げられた車の裏の構造を興味津々で見ている少年をイメージしています

園児が作ってきたものを興味津々で見ている幼稚園の先生をイメージ。感心にも近い表情をしています

Hint　歯の表現

本書の中でも、開いた口に歯を描いたものと描いていないものがありますが、歯の表現は作品の世界観とデザイン次第です。リアルな作品になれば1本1本描くこともあるかとは思いますが、本書ではシンプルなものが多いので、そこまでは描き込んでいません。

歯に特徴があるときは描き込むことも

CHAPTER 4　表情実例集

信頼

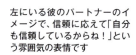

左にいる彼のパートナーのイメージで、信頼に応えて「自分も信頼しているからね！」という雰囲気の表情です

フィギュアスケートのパートナーに競技前に声をかけている男性キャラの信頼の表情。恋愛感情抜きで、とても爽やかな雰囲気

後輩たちのバレーの試合を観戦しているOGの女性キャラ。後輩の選手たちが勝利することを信じて、信頼の眼差しで観ている表情です

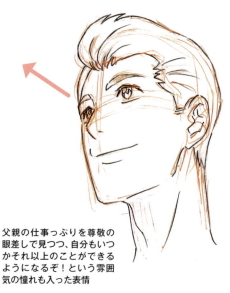

父親の仕事っぷりを尊敬の眼差しで見つつ、自分もいつかそれ以上のことができるようになるぞ！という雰囲気の憧れも入った表情

この子も子供ですが、自分より小さい弟や妹たちを信頼の眼差しで見ている雰囲気の表情

> 左の少年は視線が下向きなので、相手は自分よりも背が低いことが伝わります。上の青年は視線が上向きなので、尊敬の対象である父親は高いところで作業しているのが伝わります。対象がどこにいるかによって顔の向きを決めるとよいでしょう。

憧れ

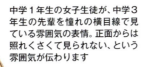

中学1年生の女子生徒が、中学3年生の先輩を憧れの横目線で見ている雰囲気の表情。正面からは照れくさくて見られない、という雰囲気が伝わります

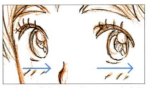

目線だけを向けることで、はにかんだような直視できない様子を表現

肩が上がり首をすくめることで、あこがれと照れくささを強調している

尊敬している同性の先輩から仕事を任されたときに、元気にそれに応えて返事をしている雰囲気の表情です

「社長ってやっぱりすごいんだなぁ……」という素直に尊敬して見ている横顔

Hint 瞳のハイライトの表現

瞳のハイライトを大きくしたり、細かく入れたりとキラキラに見せることで、尊敬や憧れなどポジティブな感情を表現できます。逆にハイライトを減らしたりなくしたりすることで、虚ろな雰囲気になります。

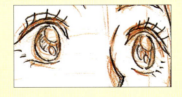

泣いて瞳がうるうるしているときは、ハイライトの形も歪ませてポジティブな感情のときとは描き分けています

87

悪い笑顔

愉悦

敵役が高笑いしている表情。笑いの閉じ目ではないけど頬が上がって薄い目になりつつ、相手を見下しながら笑っている様子です

敵役の悪そうな愉悦の表情。アオリアングルもしくはアゴを上げて相手を見下しながら偉そうなことを言っている雰囲気です

不敵な笑み

不敵な笑みです。アオリ気味で目線は下を見下したようにするとそれらしく見えます

上の愉悦の表情と被りますが、口角が上がって力の入った歯の閉じ口にすると悪い感じになります

歯を見せて、口角だけをグッと上げると悪そうな口元に見える

悪巧みの笑顔

瞳のハイライトを入れないことで、狂気のような異常な様子を表現している

伏し目がちで相手と目線を合わせないようにすることで、悪巧みの雰囲気を出しています。イメージとしては、毒を盛った飲みものを相手が飲んでいるときにするような表情です

伏し目がち以上に、完全に相手に頭を下げながらも全く謝っておらず、むしろ嘲笑っているような表情です。ポーズは完全に相手に謝罪するように頭を下げていますが、アオリアングルにすることで表情を見せています

こっそり悪いことを企んでいる表情。上がった眉と半目、ニンマリとした閉じ口がポイント

Hint 気持ちいい表情

すごく楽しく気持ちいいことがあったときの快楽の表情。眉を下げて口や目も半開きにすることで、トロンとしてだらしない雰囲気にすると気持ちよさそうに見えます。

• CHAPTER 4 •

表情実例集

怒りの表情

怒りの強弱による表現の違いのほか、呆れのような怒りになる前の感情についても紹介します。

小さな怒り

不満

怒り始めのムッとした表情。怒りは軽めの印象です

まだ可愛く怒っているくらいで、ほっぺを膨らませて唇を尖らせている横顔の表情です

首を傾けると考えごとをしているように見える

怒ってはいるけどそれを怒っている相手に言うべきか言わないべきか考えている雰囲気の表情です

怒りの表出

思い切り受け口にして相手に因縁をつけている雰囲気の表情。「あ〜ん?」という声が聞こえてきそうな口の形と目つきの悪さがポイントです

普段は入らないほうれい線的なシワタッチで怒りによる顔の歪みを表現

クールに怒っている感じの表情。怒っている相手に言い返す前に、一旦じっくりそれを聞いているけれど、顔には出てしまっている雰囲気です

怒りが湧いて顔に性格が悪いのが出ちゃっている表情です

90

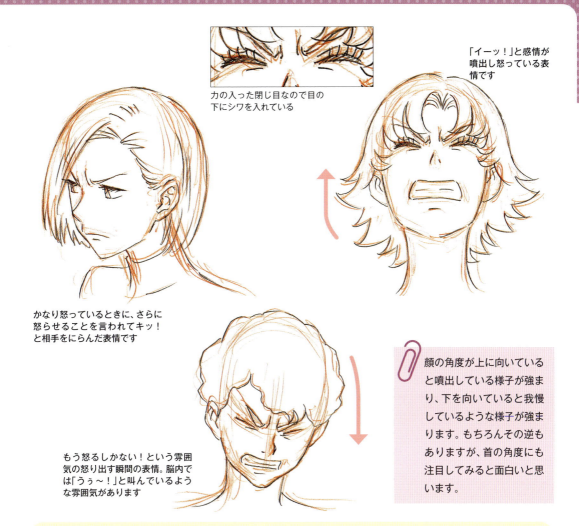

力の入った閉じ目なので目の下にシワを入れている

「イーッ！」と感情が噴出し怒っている表情です

かなり怒っているときに、さらに怒らせることを言われてキッ！と相手をにらんだ表情です

もう怒るしかない！という雰囲気の怒り出す瞬間の表情。脳内では「うぅ〜！」と叫んでいるような雰囲気があります

顔の角度が上に向いていると噴出している様子が強まり、下を向いていると我慢しているような様子が強まります。もちろんその逆もありますが、首の角度にも注目してみると面白いと思います。

Hint 年齢の違い

同じような表情でも年齢によって雰囲気が変わる例を見てみましょう。次の2枚の作例はよく見るとオジサンと少年で似た表情をしています。このように年齢や性別が違っても表情は応用することができます。p.126でも年齢の描き分けのコツを紹介しています。

怒りをまだ口には出さずににらみを効かせているイケオジの表情。固く結んでいる口元がポイント

大人の言っていることに対して不満があって怒っている男の子の表情。可愛さも加味してギャグ調のジト目で怒っています

大きな怒り
わめく

かなり怒っている様子です。瞳にハイライトを入れないことで感情のコントロールを失っているように見せています

激怒している女性の表情。眉間のシワや目の下のシワも怒りの記号的な表現です。ほうれい線を入れて、口を大きく開けている様子を強調させています

誇張表現として犬歯を牙っぽくしているのもポイント

「もういい加減にしてくれ！」という溜め込んでいた怒りを出したイメージ。肩を上げることで怒りが噴出しているように見せています

涙を浮かべて怒っている女性。怒って言いたいことを全部言った後に号泣してしまいそうな雰囲気の表情です

力が入っているので、目頭や眉頭にシワが寄っている

ハンカチをくわえてヒステリックに怒っているギャグっぽい怒り顔。今時こんな怒りとか泣きの芝居はあまりないですが、ギャグシーンの参考までに

CHAPTER 4 表情実例集

激怒

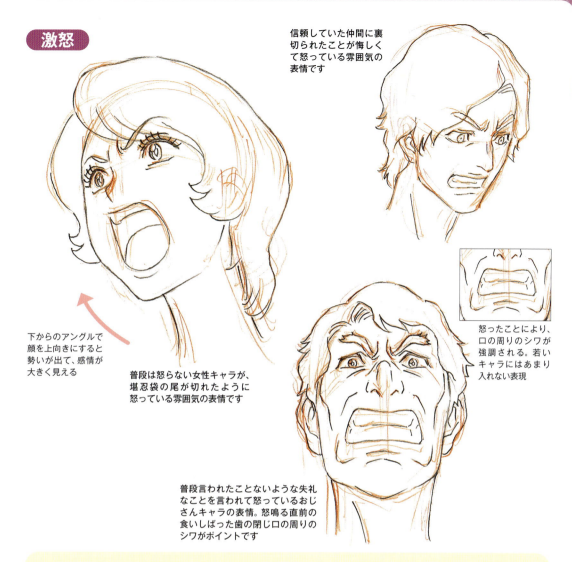

信頼していた仲間に裏切られたことが悔しくて怒っている雰囲気の表情です

下からのアングルで顔を上向きにすると勢いが出て、感情が大きく見える

普段は怒らない女性キャラが、堪忍袋の尾が切れたように怒っている雰囲気の表情です

怒ったことにより、口の周りのシワが強調される。若いキャラにはあまり入れない表現

普段言われたことないような失礼なことを言われて怒っているおじさんキャラの表情。怒鳴る直前の食いしばった歯の閉じ口の周りのシワがポイントです

Hint　口を大きく開ける表情

同じように口を大きく開ける表情ですが、怒りの感情がない例を見てみましょう。怒っていないので眉間のシワはあまり入れずに表現しています。

遠くの人に叫んでいるような表情。かなり大きな口なので遠くにいる人を呼ぶ感じか、または相手がどこにいるかわからないような様子です。困って人を呼んでいるような雰囲気です

こちらも遠くに居る人に呼びかけている表情。手のポーズを入れると大きな声を出している雰囲気が強まります

こちらは呼びかけではなく、病院の診察で口を開けてくださいと言われたときの表情。体調が悪くて受診しているので、眉に少し不安気な感じもあるのがポイント

93

嫌悪
軽蔑

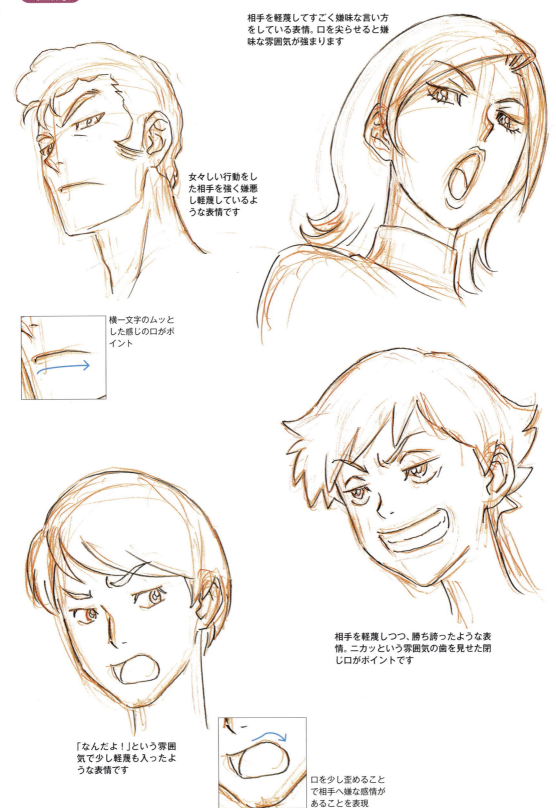

相手を軽蔑してすごく嫌味な言い方をしている表情。口を尖らせると嫌味な雰囲気が強まります

女々しい行動をした相手を強く嫌悪し軽蔑しているような表情です

横一文字のムッとした感じの口がポイント

相手を軽蔑しつつ、勝ち誇ったような表情。ニカッという雰囲気の歯を見せた閉じ口がポイントです

「なんだよ！」という雰囲気で少し軽蔑も入ったような表情です

口を少し歪めることで相手へ嫌な感情があることを表現

94

侮辱・からかい

すごく嫌味な感じで笑いながら、相手を侮蔑した雰囲気の表情。バランス悪く歪ませた眉、目、口がポイントです

あまり好きではない相手に嫌味なことを言っている雰囲気の表情。相手のほうに頭を向けて、半眼でジトーっと見つつ言葉で威嚇しているような雰囲気です

軽蔑、侮蔑している相手を、めちゃめちゃ小馬鹿にした感じで煽っているときの表情です

かなり軽蔑して相手をにらみつけている表情。口も思い切りへの字口で、この後相手に冷静かつ的確に文句を言う気マンマンという雰囲気です

📎 顔や口など左右に違いを出すなど歪みを加えることで嫌味な雰囲気が強まります。形を歪ませなくても、目の下にタッチを入れるだけでも歪んでいるような表現に見せることもできます。

CHAPTER 4 表情実例集

95

呆れ

首を傾けることで頭でぐるぐる考えている雰囲気も出る

「あ〜あ、もう……」という呆れた雰囲気の表情。口の開き方で少しコミカルな印象もあります

「う〜ん、まいったな〜……」という雰囲気の表情。困っている風にも見えますが、通常の閉じ目よりも細くて横一文字になっているほうがうんざり感が出ると思います

相手には言わないけど「この人どうしようもないなぁ……」と内心思っている雰囲気の表情です

一文字の閉じ目は呆れの記号的な表現としてよく使う。仏像のような雰囲気もあるので悟りの境地のようにも見える

首を下げて肩を落とすことでガッカリしているような雰囲気にも

「あ……そうなんだ〜」とは言いつつも、まったく納得できないことを言われて内心は呆れ返っている雰囲気の表情です

うんざり

いろいろな嫌なことを聞かされてもううんざり……という雰囲気の表情。首の角度とギャグ表現の閉じ目でうんざり感を強調しています

はいはい、やりますよやればいいんでしょ…と上司に嫌な命令を受けたときのような表情。ギャグ表現っぽい口の形がポイント

「は〜い、分かりました〜」と言いつつもまったくやる気のない生返事をしている雰囲気の表情。これも開き口の形を記号的にしています

うんざりのほうがギャグ的な表現を使うことが多いので、口や目の表現を記号的にしています。

Hint 影の表現

うんざりや呆れに近い表情の表現で「疲れた顔」があります。本書では影の表現は入れていないのですが、疲れや呆れを表現するために影を入れた例を紹介します。

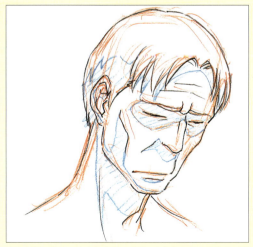

疲れが顔に出ているおじさんの表情。疲れを表現するための影入れの一例です。上からのトップライトで目元にガッツリ影を入れると、どんよりした雰囲気が増します

相手から延々と話を聞かされて、うんざりして呆れている表情。相手が嬉々として話しているのを想定して、相手とは反対側に大きく影を入れたりすると、気持ちの温度差などが表現できるかと思います

• CHAPTER 4 •

表情実例集

悲しみの表情

泣き顔だけでなく、切なさや辛さのような悲しみに近い感情についても紹介しています。

泣き顔
涙をこらえる

悲しくて泣きそうだけどグッとこらえている表情。これも眉や口元にシワを入れて、力を入れて泣くのをこらえている様子を表現しています

こらえようとしても涙が溢れてきて嗚咽している表情です

声を出して泣かないように、必死で口に力を込めているのでへの字口になっている

「悲しいけどこれはしょうがないことなの……」という雰囲気の諦めも入った表情です

目は閉じきらずに伏し目がちにすることで涙が目に溜まっているのを見せている

本当に申し訳ありませんでした！と泣きながらも謝罪している雰囲気の表情です

しかめた眉と通常の閉じ目より目の内側に力が入っている感じの目で申し訳なさを表現

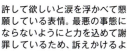
涙を浮かべる

許して欲しいと涙を浮かべて懇願している表情。最悪の事態にならないようにと力を込めて謝罪しているため、訴えかけるような口の形がポイントです

傾けた首に合わせて髪の毛も垂らすと自然に見える

首を前にうなだれて深い悲しみにふけている表情です

悲しみをしっかり感じながらすごく後悔している雰囲気の表情。前髪は短いけど前に垂れてて、目元をほんの少し隠していると悲しい雰囲気が増します

涙を流しての号泣の表情。男だからと人前で泣くのを必死でこらえていた分、その反動で一人になったときの大泣きをイメージしています

Hint 子どもの泣き顔

子どもや赤ちゃんの場合、感情のコントロールがまだできないので感情を大きく噴出させるとそれらしく見えます。眉を歪ませたり、口を大きく開いて涙も大げさに描写すると子どもらしい表現になります。

感情が抑えきれなくて鼻水も止まらないようなイメージ。大人も人知れずこんな泣き方をするときがあるかもしれませんが、キャラクターの表情として描く機会はほとんどないので、子どもならではの泣き顔ともいえます

赤ちゃんの泣いている表情。赤ちゃんは、感情の表現が素直なので、複雑な表情が少ないです。そのため表情としては難しくもあります。また、乳幼児は皮膚が柔らかくシワができやすいので、シワの表現を入れてもよいでしょう

落ち込み
切ない・物憂げ

切なく物憂げな表情。首の角度がポイントです

うつむき気味なので髪の毛が重力で前に来ている

肩をすぼめて目線は何を見ているでもなく少し正面から外しています

奥の目がギリギリ見えるこのくらいの角度の顔が、切なさを出すのにはちょうどよいのではないかとも思ったりします

デフォルトの目と眉がツリ気味なので雰囲気はかなり変わっています。ヤンキー気質な彼でも、切ない気持ちになることもあるのです

別れるのは寂しいけど、行かなくてはならないところがあるんだという感じの表情。伏し目がちで何か言いたげな口元がポイント

これも首を傾けて重力で髪が垂れているのがポイント

薄く開いた口で切ない感じを出しています

机に肘をついて脱力しつつ半目状態で切ない雰囲気の表情。顔だけだと眠い感じにも見えるので、ポーズも込みで感情を表現しています

Hint　後ろ姿の表現

目は口ほどにものを言うといいますが首と肩でも感情を伝えることができます。
肩が下がっていると落ち込んでいるように見えたり、上がっていると怒りや喜びの感情に見えたりします。表情だけでなく、肩や首の表現も合わせるとより、感情を伝えやすくなります。

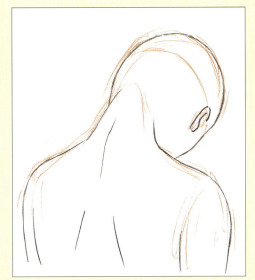

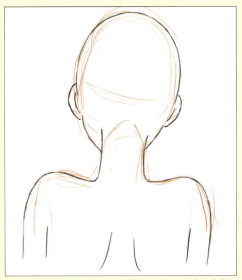

後ろ姿で顔の表情は見えませんが、がっかりして頭を垂れているようにも見えるし、悲しみに暮れているようにも見えるし、座っている状態で睡魔に襲われてウトウトしているようにも見えると思います

同じく後ろ姿で顔は見えませんが、笑っているようにも見えるし、びっくりして驚いているようにも見えると思います。アニメや映像だと、前後のカットや動きで区別をつけます

悲観・後悔

悲観しながらもちょっと距離をおいて傍観している雰囲気の表情。口元がまだ冷静な感じを出しています

自分の失敗で人に迷惑かけてしまったことを後悔しているような辛い表情です

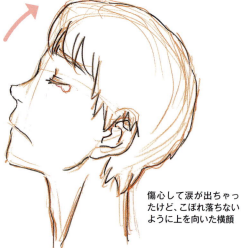

傷心して涙が出ちゃったけど、こぼれ落ちないように上を向いた横顔

眉をひそめることで悲壮感を出しつつ、口を強く結ぶことで何も言えない様子をより強化している

口をへの字にして、辛さをこらえている感じに

叱られてとても悲しくて傷心している表情です。涙は出てないのですぐ復活しそうな雰囲気もあります

寂しさを隠している弱々しい笑顔。眉は少し下がりつつ口元も力ない笑みで、やや諦めの感情も入っている様子です

辛い

胃の調子が良くないと、ちょっと辛そうな雰囲気の表情。「胃カメラ飲んだほうがいいかなぁ」とか考えているので悩んでいるようにも見えます

手の形で見えない感情を伝える。表情が見えないときは手や肩、首などの体も使って感情を伝えよう

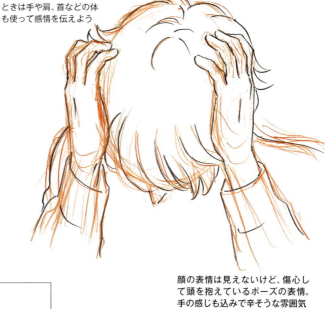

顔の表情は見えないけど、傷心して頭を抱えているポーズの表情。手の感じも込みで辛そうな雰囲気

力の入っているほうだけほうれい線を加えることで歪みを表現

辛い気持ちもありながら、その原因に対する怒りもあって眉は怒っている

への字口に近い形の閉じ口で怒りを表現

辛いことがあって泣きそうな気持ちをこらえている雰囲気の表情。歯の閉じ口に力が入っているのがポイント

 同じ「辛い」感情でも、方向性が「怒り」なのか「悲しみ」なのかによっても表情は変わってきます。眉の角度や眉間のシワ、口の形で微妙な違いを表現しましょう。

CHAPTER 4　表情実例集

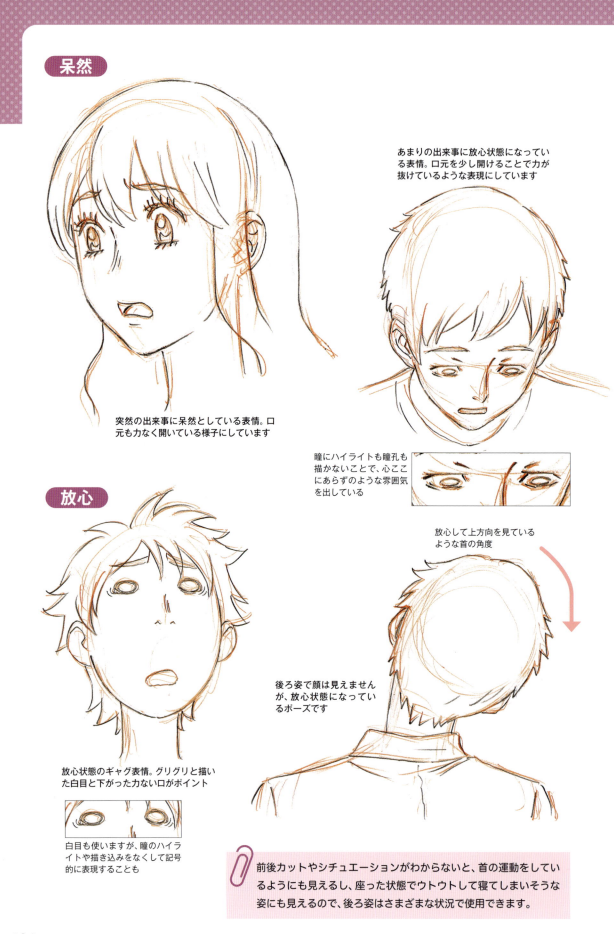

CHAPTER 4 表情実例集

目だけギャグタッチな表情。口の位置も下に少し下がってギャグ気味なので、そこまで深刻な問題に直面しているわけではないイメージです

「え?…嘘だろ?」と信じられないことが起きたときの表情。瞳は点の瞳孔だけでハイライトがないのと、目の下のくまのようなシワタッチがポイントです

「嘘でしょ?」と悲しく信じられないことが起きたので、放心状態で呆然としている様子。放心と呆然の両方を感じられる表情です

瞳のハイライトは入れず瞳孔だけにするのと頬のタッチがポイント

唖然として放心状態な横顔の表情。口を平面的に描いて、ポカーンとしている様子です

Hint　何気ない表情

人間は常に感情が出ていて表情を作っているわけではありません。何も考えていないというよりは、何も意識していないときのほうが表情を描くのは難しいかもしれません。表現方法の一例として描いてみたものです。

ぼんやりとしたところから、軽い気づきのリアクションをした表情です。感情が大きくないので全体的にフラットな印象です

何かは考えているけど人前用に作っている顔ではない表情です。人間の表情としては一番多いですが、表情の絵としては物足りないですね

これも同じくなんでもない表情になります。気を抜いている表情と言ったほうがしっくりくるかもしれません

105

• CHAPTER 4 •

表情実例集

驚きの表情

驚きのほかにどのような感情が含まれているのか、シチュエーションを意識した表情を中心に紹介します。

軽い驚き

軽い驚きの表情ですが、不安もよぎっているので、左右の眉のバランスを崩して左眉で不安な部分を表現しています

何か遠くから変なものが飛んできてビックリしている表情。汗も入れて、ビックリに焦りも追加しています

高い所から見下ろしているのでアオリのアングル。覗き込んでいるので顔は正面気味

少し離れたところで惨事が起きたのを小高い場所から見下ろして驚いている表情。軽い驚きというよりは実感が沸いていないような雰囲気です

すごく恥ずかしいことを、クラスのみんなにさらされたことに対する驚きと恥ずかしさに焦っている表情。驚き全般の表情には、多少顔にタッチ線を入れるとそれっぽくなります

強い驚き

驚きに恐怖が混ざった表情。恐ろしい物音に驚愕して息をのんでいる様子です。音を立てないように声は押し殺している雰囲気です

ぐうの音も出ないほど論破されて、目を見開いた驚きの表情。言い返したいけど何も言えないという感じで、口に力が入っています

知られたくないことを知られてしまった驚きの表情。眉尻は上がって知られてしまったことへの怒りも少しあります

壊してはいけないものを壊してしまったときの驚きの表情。「やっちゃった！」という子供らしい手のポーズも込みでの表情です

CHAPTER 4 表情実例集

Hint　驚いたときの黒目の表現

目は見開くだけでなく、黒目自体や瞳孔を少し小さく描くことで、より見開いている様子を強調できます。これにより、驚きや恐怖が強いことを表現しています。

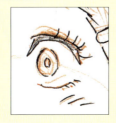 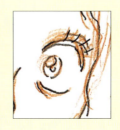 

107

• CHAPTER 4 •

表情実例集

恐怖の表情

軽めの不安から恐怖を超えた絶望の感情まで「恐怖」に近い感情を紹介します。

軽い恐怖

不安

心の奥にいつも引っかかっている不安なことを思い出してしまったような表情。目線は少し左を向いているけど、別にそこを見ているわけではない呆けた印象もあります

ヤバい…バレているかも…という感じの不安な表情。さっきまで後ろ向いてたけど気になって振り向いた感じの肩と首のポーズも込みの表情です

「それ絶対できないよ～」ということをやらされそうで不安な表情。目の下のくま的なタッチ線で不安をより強調しています

舞台袖で次の出番の待機をしているときに「タイミングだけは間違えないようにしないと……」と不安や緊張を感じている表情です

> 本書の不安の例では、目を大きく開いて描くと何かを見て不安になっている状況、伏し目がちにすると物理的な不安対象がない状況というイメージで描き分けています。ただし、虚ろな目で対象を見る例外もあるので、シーンや状況によって表現を変えてみてください。

CHAPTER 4 表情実例集

子供ながらにすごく深い悩みがあるらしい表情

うつむいているため、頬が重力で下がっている。子どもの柔らかい雰囲気を表現している

頬が下がっている表現に加え、口元に力が入っているため口の形が特徴的

カレンダーを見ながら何か不安になっている女性キャラクターの表情。目の下のくま的なタッチも相まってスケジュール的な悩みかなという雰囲気を出しています

窓枠に肘をついて、どこを見るでもなく空を見ながら不安な表情。重くなったまぶたと肩を丸めているポーズも込みでの表現です

仕事の帰り道、疲れもあってボーっとして電車に揺られている横顔の表情。この後、目は閉じたりもするけど寝るわけではないという感じの雰囲気です

Hint まぶたの線

まぶたに線を入れることで、まぶたが重い様子を追加し、より不安な印象を強調しています。さらに横からのアングルにすることで、まぶたの表現が見やすくなり、感情が伝わりやすくなります。

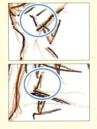

苦悩して胃が痛いので、痛みを伴った悩みの表情。頭を垂れたポーズも含めた感情表現です

109

ビクビク

苦手な相手が向こうからやって来ているのを見たときのビクビクした少年の表情

目は左右で歪みをつけ、さらにシワをタッチ線で入れて不安な様子も追加

少し上がった肩でビクビクしているような様子を表現

元々ビビり体質なキャラクターなので、ささいなことにもビビっている雰囲気です

怖くてパニックになっているギャグ表情。目が不揃いな横線だけになっているのがポイント

ビクビクやおろおろしたときによく使われる目の表現。あえて太くして強調することもある

休日に出歩いていたら突然職場の上司に後ろから声をかけられたときのような、ピクッとした表情。口元がギャグ的な表現なので、振り向いたら「お疲れッス〜」みたいな笑顔の表情になると思います

「エッ！こんなところで!?」という雰囲気のギャグっぽい口の形がポイント

恐れ

怖い場所で怖い話をされて「今そんなこと言わないでよ〜〜」という雰囲気の表情。影を入れるとしたら手に持った懐中電灯を光源にした、下からのフットライトになります

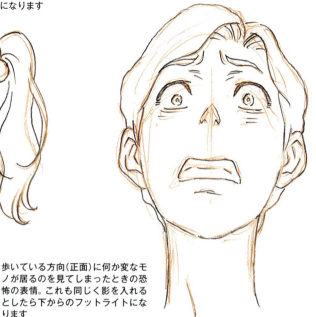

歩いている方向(正面)に何か変なモノが居るのを見てしまったときの恐怖の表情。これも同じく影を入れるとしたら下からのフットライトになります

足元のアレを見ているので視線は下向き

台所で黒いアレを見つけてしまったお母さんの表情。大きい犬は怖くないけど小さくて黒いソレは歳をとっても苦手……という雰囲気です

「猫は好きだけど、あそこの大きい犬は怖いよ〜」と言っている雰囲気の女の子の表情

Hint　瞳孔の表現

黒目を小さくした上でさらに瞳孔も小さく描くことで白目部分を大きく見せ、恐怖を表現しています。ハイライトは入っていてもよいですが、描く場合は小さく描くようにしています。

ハイライトあり

ハイライトなし

諦め・落胆

「あぁ、そうですか……」という雰囲気で軽く落胆している表情。困惑して口元は笑っているけど仕方なく返事をしているイメージです

後ろに反っているので、首の角度も後ろに反らせると自然

座り込んで腕を後ろについているので肩が上がっている

「あ〜あ……」と体全体で落胆を表している表情です

落胆してため息をついている表情。口の形をギャグっぽくしているので、そこまで深刻ではなさげな雰囲気を出しています

失望している表情。うなだれている首と肩でより落ち込んでいる様子を強調しています

長い髪の毛が前に垂れていることで、落ち込んでいる雰囲気を出している

警戒

顔はまだ前を向いていて、目線だけ背後に向けることで、少しずつ振り返っているような雰囲気に

背後で何かが起きて、恐る恐る振り向きかけている表情です

足元を見たらヤバいものがあったという雰囲気の表情です

あまり人にビビっているところを見られたくない感じでキョロキョロ周りを警戒している表情です

強い恐怖

苦悩

仕事で失敗してライバルにも負けて、絶望と悔しさで歯を食いしばっている雰囲気の表情です

失望して、どうしてよいかわからなくなっている表情。相手に「どうしろっていうの!?」と言っている雰囲気です

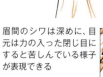

眉間のシワは深めに、目元は力の入った閉じ目にすると苦しんでいる様子が表現できる

緊迫感

「こいつ強えな…」という雰囲気の緊迫感を表現した表情です

「マジで！」という雰囲気の緊迫感を表現した表情です

「はあ?!」という雰囲気の緊迫感を表現した表情です

何らかの試合や勝負（おそらく好きな将棋）を見て手に汗握る緊迫した様子を見守っている表情

自分のミスが原因で大変なことになってしまったときの緊迫した表情。記号表現として、顔に汗を描くと緊迫した感じになります

手を握り込んで、思わず力が入っているような様子を表現

> 緊迫感と恐怖の違いは口元で出しています。物音を立ててはいけないような緊迫したときは口元を閉じて力の入った様子にしていて、恐怖の場合は悲鳴が出たりするので口元は開けて描いています。

叫び

何か怖いものを見て、叫びたいけど恐怖のあまり声も出ないような表情。手の表情も込みの表現です

かなり恐怖に驚いている表情。普段はスカした表情のキャラクターなのでかなり焦っています

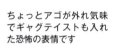

ちょっとアゴが外れ気味でギャグテイストも入れた恐怖の表情です

絶望

絶望して放心状態になっている女性の表情。緊張の糸が切れて、目も口も開ききっています

絶望してこのまま石になってしまいそうなおじさんの表情。この世の終わりではなく、自分の終わりを感じているような雰囲気です

CHAPTER 4 表情実例集

115

• CHAPTER 4 •
表情実例集

シチュエーション別の表情

歌ったり、戦ったり、恋愛だったりとさまざまなシチュエーションに合った表情を紹介します。

歌う

♪フンフン〜と鼻歌を
歌っている表情

音楽の授業で歌っている表情。自分では結構歌うことに自信があるので真面目に歌っている感じです

歌は下手だけど必死で
歌っている表情

高音ボイスでバッチリ歌っている表情。余裕さを出すことで歌が上手いのではと想像させます

Hint　目の表現で楽しさを描き分ける

歌っている表現のとき、口の形は歌詞によって変わるので、目元の表現でどんな感情で歌っているのかを描き分けることができます。ギュッと目を閉じていると必死感が伝わり、笑顔だと余裕や楽しさを伝えられます。

真剣

イケメンの真剣な表情。眉をキリッとさせていつも以上にイケメンに見せています

女教師が真剣に生徒たちに話をしている表情。決して怒っているわけではなく真剣に話している様子です

いつも冗談をよく言う男の子が、珍しく真剣なことを言っている表情をイメージしています

Hint 口角の表現

眉と目は真剣な表情と同じですが、口元を薄く笑わせることで、自信があるような雰囲気になります。口角の上げ下げで大きく印象が変わるので、いろいろ試してみても面白いと思います。

表情集ではキャラクターの性格などは設定していませんが、普段しない表情とのギャップを考えて表情を決めることで、キャラクターに厚みを与えられます。上のキャラクターはいつもは笑った顔が多いので、そのギャップもあって怒っているように見えてしまっているかも…と想像しながら描いています。

CHAPTER 4 表情実例集

バトル

攻撃

顔に傷タッチを入れてダメージが入っていることを表現

闘いの中で攻撃をしているときの表情です

目の周りのタッチ線はダメージではなく凶暴になっているときの勢いを表現しています。ダメージを受けていないことで強いキャラクターであることを表現しています

防御

防御はしているけど、ダメージを受けている表情。押され気味だけどまだ目は死んでない様子です

眉の左右を歪ませることで、痛みに耐えている様子も表現している

女子のムエタイ選手。対戦相手のジャブに怯んでいる表情です

 攻撃をしている側は少し前のめりにすることで、攻撃の勢いを表現しています。逆に防御している側はアゴや体を引いて攻撃に耐えているような様子にすることで状況を描き分けています。

118

負傷

歯を食いしばって痛さに耐えている様子。まだ負けてはいないが、次の一撃で倒れてしまいそうな、もう負けてしまう雰囲気がある表情です

僅差で敗北してしまい疲れ果てて呆然としている雰囲気の表情。自分のコーナーに居るが、目線を対戦相手に向けることで、闘志は失っていない様子です

勝利

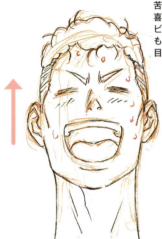

苦戦の末なんとか勝利した喜びの表情。勝利者インタビューでライトが眩しいのもあってこんな感じの閉じ目になっています

顔を上向きにすることで、勝利の喜びをより表現している

敗北

完敗してしまった悔しさはありつつも、実力差に納得もしている雰囲気の表情。その気持ちが力の入った口角に出ています

顔を下向きにして、負けたことによる悔しさや無念を表現している

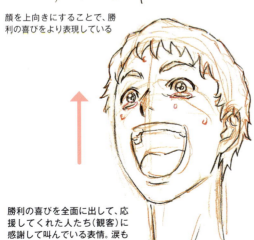

勝利の喜びを全面に出して、応援してくれた人たち(観客)に感謝して叫んでいる表情。涙も浮かべてかなり喜んでいる感じを表現しています

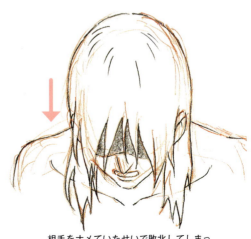

相手をナメていたせいで敗北してしまったというシーンをイメージしています。顔を上げることもできないほど困惑しているため、ポーズも込みでの表現です

愛情表現

愛情

少し前の少女漫画風の微笑みの目で、子どもたちが遊んでいるのを離れたところから優しく見守るような表情です

「やっぱ頼りになるわ」という感じで旦那を見ている若奥様の愛情溢れる表情です

飼っている犬を優しく見つめる男の子の表情です

「ふ〜ん、そんな一面もあるんだ〜…」という感じで階下に居る男の子の意外な一面にちょっとときめいている表情

Hint　優しい微笑みの瞳

瞳を少しだけ閉じることで優しい雰囲気の瞳になります。さらにタッチで描くと、優しいまなざしの記号的表現になります。

恋愛の駆け引き

目をキラキラさせるときに星やハートなどを使って漫画的に表現することもある

合コンで、気に入った女の子が正面に座ったので目をキラキラさせながらめちゃ喋っている男の子の表情です

BARでイイ女感を出しつつ隣りに座っている男性キャラと喋っているシチュエーションの表情。懐かしのワンレングスのヘアスタイルで大人っぽさも強調しています

合コンで気になっている人が斜め前に座ったので、うれしさを隠し切れていない表情です

自分はモテると思っている自信のある男性キャラをイメージ。余裕の眼差しでゆっくりとした口調で女性を口説いている表情です

嫉妬

目の下のくまのタッチ線とボロボロになっている髪の毛で相当怒っていることを伝えている

浮気されたことで、嫉妬してやさぐれている雰囲気の表情です

帰ってこない旦那さんのことを考えて、よからぬ考えが頭をよぎったりもしているが、実際は仕事で帰りが遅くなっているだけというイメージです。嫉妬の中に不安な感情も含まれています

気になっている女子がほかの男子と話し込んでいて、めちゃめちゃ気にしている様子の表情です

視線を横目にすることで、気にしていませんよという強がりも含んでいる

お父さんのことが大好きだけど、結局お父さんはお母さんのことが好きなんだということに気づいてしまった小さい女の子の表情です

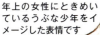

照れ・ときめき

大学生の家庭教師に教えてもらいながらも、ときめきを隠せない女子中学生の表情です

年上の女性にときめいているうぶな少年をイメージした表情です

好きな先輩にときめきながら可愛く喋っている雰囲気の表情。頬が少し赤くなっているのをタッチ線で表現しています

憧れているサッカー部の先輩がゴールを決めたのを見て、ときめいている様子。驚きもある憧れの表情です

Hint 紅潮の表現

p.34の「漫画的表現を活用」で解説した、紅潮の表現を消してみると、また違った表情に見えてきます。ときめきの感情のほかにどんな感情が含まれているのかを意識して表情を決めるとよいでしょう。

きょとんとしたような、素朴な表情に見える

眉を下げて少し困って視線を逸らしたような雰囲気

紅潮がなくなると驚きの表情に見える

日常
寝顔・寝起き

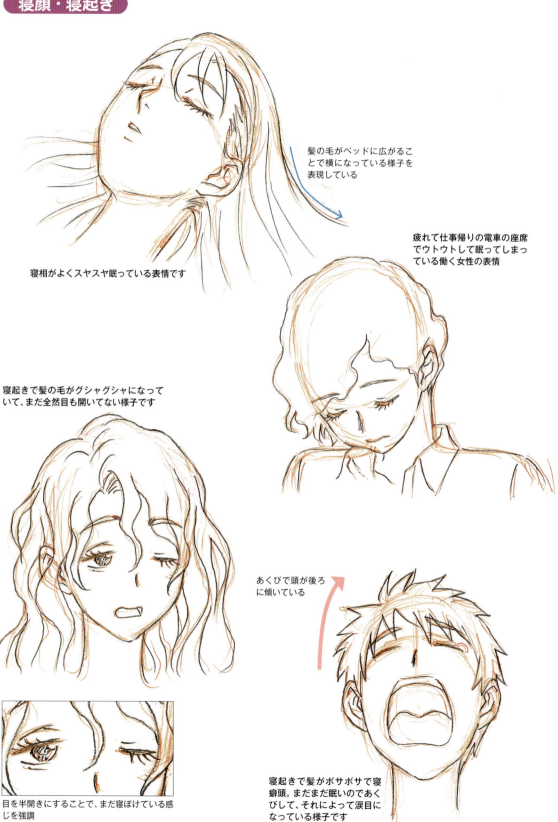

髪の毛がベッドに広がることで横になっている様子を表現している

寝相がよくスヤスヤ眠っている表情です

疲れて仕事帰りの電車の座席でウトウトして眠ってしまっている働く女性の表情

寝起きで髪の毛がグシャグシャになっていて、まだ全然目も開いてない様子です

あくびで頭が後ろに傾いている

目を半開きにすることで、まだ寝ぼけている感じを強調

寝起きで髪がボサボサで寝癖頭。まだまだ眠いのであくびして、それによって涙目になっている様子です

食事

口元に線を入れて頬が膨らんでいるようにすると、ものを食べている様子が表現しやすい

モグモグと半分無心でご飯を食べている表情。段々その味が脳に伝わっていくイメージです

美味しさで満面の笑みの表情。通常の笑顔でも美味しさは伝わるが、ほっぺたを軽く膨らませたり、口元に線を足すことで、食事中であることを伝えましょう

食べてはいるけど「う〜ん……これじゃないんだよな〜」と少し不満な内心が顔に出てしまっている雰囲気です

口に入れてはみたけど「あれ…これは自分の嫌いな味かも…」という感じの表情です

あおざめのタッチで感情をよりわかりやすく

口に入れた瞬間「うわっ！これはダメだ！」となって吐き出しそうなのを、思わず手で押さえています。ポーズも込みでのギャグ的な表情です

CHAPTER 4 表情実例集

125

Column

加齢による顔の変化

同じキャラクターでここまで幅広い年齢を描くことはありませんが、歳を重ねていく様子を描いてみました。面影を残しつつ歳を重ねていくイメージで描いています。個人差もありますが、キャラクターの年齢を描き分ける際の参考にしてみてください。

赤ちゃん
顔に対してパーツを下のほうに描くと幼い印象に。頬や輪郭などはふっくらとさせると赤ちゃんらしくなります

4歳くらい
面影を残すため、目の形は変えないようにします。頬のふっくらした印象は残しています

12歳くらい
アゴのラインが少しシュッとしてきます。目の形は変えずに少し縦長に伸ばして少女らしさを出しています

20代
さらにアゴのラインをシュッとさせ、丸い輪郭の印象を薄めます。面影は目元に残しています

30代
加齢により少し頬が下がっています。12歳ほど丸くはしませんが、少し丸顔にして目元にも軽くシワを入れます

40代
ほうれい線を入れ、さらに加齢を表現します。目を小さくしていますが、形は大きく変えないようにします

60代
目元やおでこにシワを入れたり、目の下に窪みの表現を入れていますが、可愛らしい雰囲気は壊さないようにしています

80代
髪のボリュームが減った印象もあるので、顔の長さを少し短く描きます。まぶたも重さで下がってきているので目を小さくしています

男性も見てみましょう。赤ちゃんのときは男女差があまりないので省略しています。いろいろな顔立ちや骨格の人が居るので、これは一例として見てください。

 実際は成長の過程でビックリするほど変化がある場合もありますが、ここではキャラクターの面影を残しつつ時を経ていくというイメージで、実験的に描いてみました。

12歳くらい
目の形は大きく変えずに、少しだけ骨格をしっかりめに描いて男の子らしさを出しています。眉の形も少し凛々しくしています

20代
目を少しずつ平たくすると男性らしさが出てきます。この年齢くらいから目から下を長めに描いています

30代
20代より目を平たくしていますが、目の形が大きく変わらないようにしています

40代
加齢により頬骨が出っぱってきます。アゴのラインも少し張って描くと男性の骨張った印象が強まります

60代
頬骨とエラのラインは残すようにして、目元のシワやほうれい線で加齢を表現しています

80代
まぶたが重くなり目にかかるためまぶたの部分が少し広くなっています。ややタレ目に見えるのは皮膚が下がってきているからです

ラフ集

本書では一部デジタル作画をしていますが、デジタル前のアナログのラフやキャラクター案など公開します。

立ち絵の下描き

デフォルメ案
初期に作成したデフォルメの表情案です。

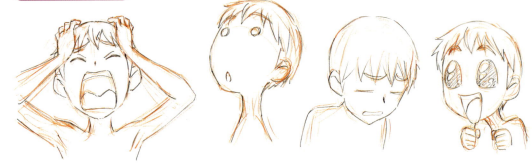

キャラクター案出し

年齢層を広く取った案や絵柄の違う少年漫画風、マスコットキャラクターなどの案も作りました。案出しの時点で既にゆうたくんっぽいキャラクターがいます。このラインから高校生で進めることになりました。

6人のキャラクター案

初期からほぼ変わっていませんが、みさきちゃんはおっとりタイプだったのを、ギャル要素を追加してほかのキャラクターとのバランスを考えました。

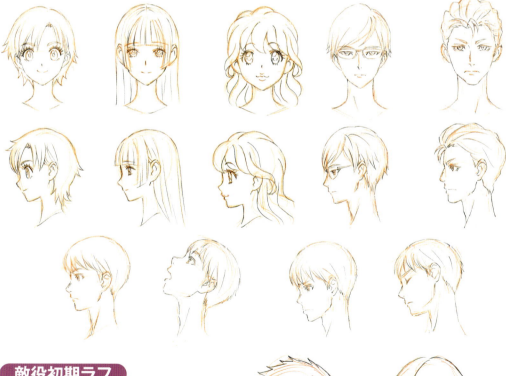

敵役初期ラフ

敵役の初期ラフです。黒幕タイプは初期と変わりがないですが、パワータイプは物足りなさを感じて髪型やメイクを変更しています。

ラフ集

デジタル絵の下描き

p.44のぬるい表情の下描き。普段の作画監督の修正でもこのように修正部分だけ別紙に描いています。

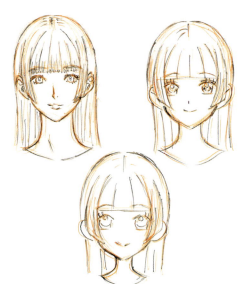

表情一覧 ページの都合上掲載を見送った表情例です。最初は影なしで描いたのですが、立体感がなかったので影をつけました。

表紙案 表紙は満場一致で現在の案で決定しました。他にも表紙用に作成した案を一部公開します。

プロの現場

実際の仕事では、どんなところに注意して表情をつけているのか、キャラクターデザインを務めた『フレッシュプリキュア！』のキャラクターで解説していきます。

LOVE MOMOZONO / CURE PEACH

桃園ラブ／キュアピーチ

14歳。地元の公立四つ葉中学校に通う2年生。天真爛漫で元気いっぱい、自分ことより他人のことで熱くなれる女の子。

キュアピーチは変身前の桃園ラブより先にキャラクターデザインしています。それまでのプリキュアより頭身を上げてスタイリッシュなキャラクターにするというのは企画の段階で決まっていました。表情設定はキリッとしたヒーローっぽい最小限のものしかないですが、アニメでは変身前の日常パートのほうがいろいろな表情をするというのもあって、137ページのようなギャグ表情も作っています。変身前のラブはブーツのヒール分もありますが、少し子供っぽいスタイルにしています。まつ毛の長さや目の雰囲気もキリッとした表情というより可愛く見えるようにデザインしています。

MIKI AONO / CURE BERRY

蒼乃美希／キュアベリー

14歳。芸能学校、私立鳥越学園中等部に通う2年生。スポーツ万能、オシャレにも敏感な女の子。常に自分を美しく見せることに気を遣っている。

キュアベリーも変身後のデザインのほうが先なので、ピーチと同じように目元の感じも表情も、変身後と比べると幼く見えるようにしています。クールだけどあまり冷たいキャラに見えないよう、柔らかい表情を心がけています。変身前の蒼乃美希も日常パートのほうが表情豊かなので、137ページにある設定も作っています。
ただ、ラブほどはギャグ表情はしないかもということで、ギャグ表情は抑えめにデザインしています。変身前と比べて一番ヘアスタイルが変化するキャラなので、コスチュームも含めて華やかに見える度合いも高いと思います。

INORI YAMABUKI / CURE PINE

山吹祈里／キュアパイン

14歳。ミッション系の私立白詰草女子学院中等部に通う2年生。おっとりしていて優しい性格だが、反面、自分に自信が持てない女の子。そんな自分を変えたいと、ラブのダンスユニットに自ら参加する。

キュアパインも変身後のデザインを先にしています。
これも同じく変身前の山吹祈里は変身後より幼く見えるようにしています。基本がタレ目顔なのもあって、可愛いとあざといのギリギリのせめぎあいのような感じで表情を作っています。他の二人もそうですが、違う学校に通っているという設定なので、変身前のキャラの表情を作るときに合わせて各々の制服もデザインしています。137ページの追加表情も、おっとりした性格なので基本そこまでギャグ表情があるわけではありません。

134　© ABC-A・東映アニメーション

SETSUNA HIGASHI ／ CURE PASSION

東せつな／キュアパッション

元ラビリンスの幹部・イース
総統メビウスによって一度は命を絶たれたが、心から幸せを望んだことで幸せの赤い鍵・アカルンに導かれキュアパッションとして生まれ変わる。

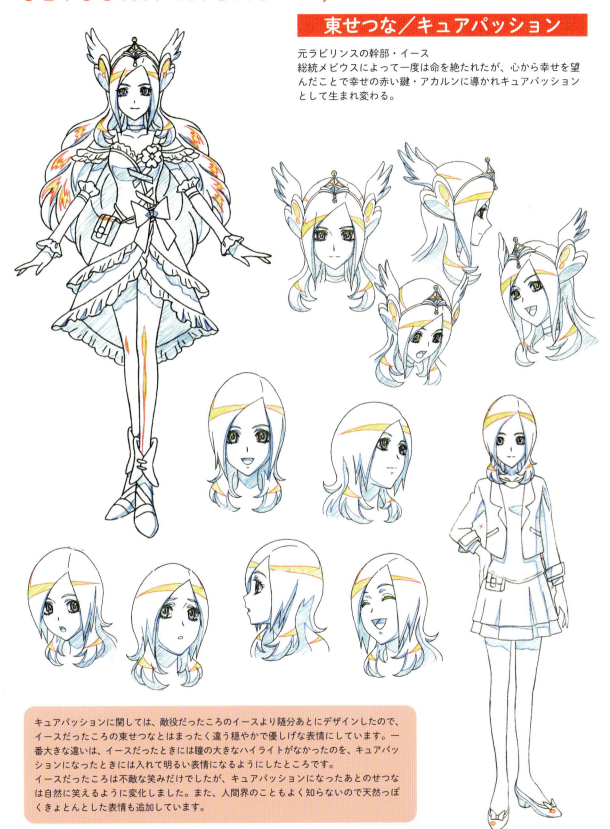

キュアパッションに関しては、敵役だったころのイースより随分あとにデザインしたので、イースだったころの東せつなとはまったく違う穏やかで優しげな表情にしています。一番大きな違いは、イースだったときには瞳の大きなハイライトがなかったのを、キュアパッションになったときには入れて明るい表情になるようにしたところです。
イースだったころは不敵な笑みだけでしたが、キュアパッションになったあとのせつなは自然に笑えるように変化しました。また、人間界のこともよく知らないので天然っぽくきょとんとした表情も追加しています。

イース

メビウスに忠誠を誓うラビリンスの幹部のひとり。東せつなとしてラブたちと触れ合ううちに忠誠心と友情で揺れ動く。

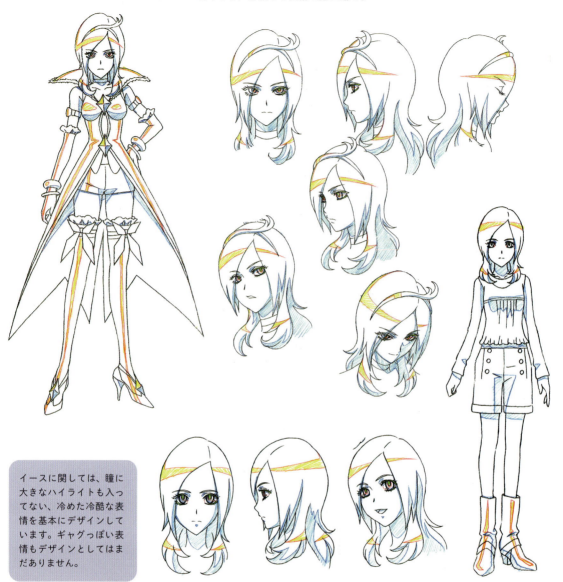

イースに関しては、瞳に大きなハイライトも入ってない、冷めた冷酷な表情を基本にデザインしています。ギャグっぽい表情もデザインとしてはまだありません。

『フレッシュプリキュア！』（2009〜2010）

中学校2年生の桃園ラブは、憧れのダンスユニット「トリニティ」のライブを観に行く。その会場で全世界の支配と統制を目論む管理国家「ラビリンス」に遭遇。トリニティを守ろうとする強い気持ちでキュアピーチに変身したラブは、妖精の国「スウィーツ王国」から来たタルトとシフォンに頼まれラビリンスと戦うことに！　幼馴染みの美希、祈里と一緒に、ダンスとプリキュアに打ち込む毎日が始まる。

「プリキュアシリーズ」とは

2004年2月1日（日）に放送を開始した『ふたりはプリキュア』から現在放送中の『キミとアイドルプリキュア♪』まで、22作品継続している東映アニメーションオリジナルの長期TVアニメシリーズ。毎年モチーフやテーマを変えながら、「プリキュア」に変身することで日常を守るために様々な敵に立ち向かっていき、出会った仲間たちと友情や絆を深めて成長していく姿を描く物語。TVシリーズのほか、劇場版作品など多くの展開をしている。

プロの現場

さまざまな表情集

日常パートの表情もそれぞれに個性がわかるように、ある程度描き分けています。ただこれは本編のアニメを作る前に描いている表情集なので、お話が進んでいくにつれ、実際のアニメではもっとたくさんの表情が描かれています。

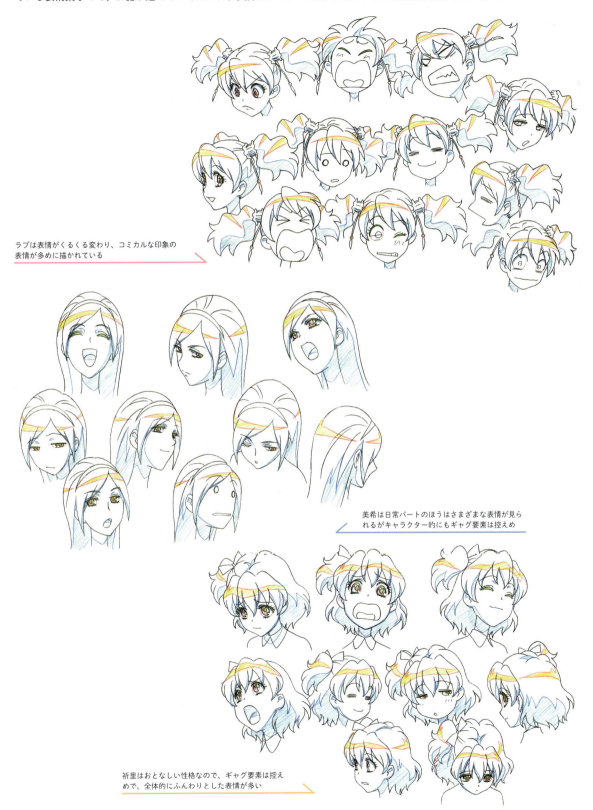

ラブは表情がくるくる変わり、コミカルな印象の表情が多めに描かれている

美希は日常パートのほうはさまざまな表情が見られるがキャラクター的にもギャグ要素は控えめ

祈里はおとなしい性格なので、ギャグ要素は控えめで、全体的にふんわりとした表情が多い

137

座談会 アニメーター

アニメーターの伊藤郁子さん、爲我井克美さんをお招きし、縁のある東映アニメーションさんで、みなさんの出会いから仕事への向き合い方、表情の表現方法などさまざまなお話をうかがいしました。

伊藤 郁子 × 香川 久 × 爲我井 克美

まず、絵と名前で互いの存在を知る

――3人の関係性、それぞれどこで初めてお会いしてどんな印象だったかなどお聞きできれば

爲我井 多分僕の記憶では、『美少女戦士セーラームーン』(以降/『セーラームーン』)の初号を見て、名前は知ってるけどどんな人なのかは知らなかったと思うんですよね。テレビシリーズですね。当時、僕が作画監督(以降/作監)をやる前に、スケジュールの関係で1回「香川の回で原画やれ」って上司に言われて、スキーの回だったと思いますが、あの回で打ち合わせのときに会ったような気もします。詳細は覚えてないですが……

香川 たぶん当時は原画と作監は、一緒に打ち合わせしてたと思うんで、自分も記憶が曖昧だけど、爲我井さんとはたぶんそこで会ってるんだと思うんですよ。でもなんかその前にすでに知ってたような気もするし……

爲我井 そうでしたっけ？

香川 アニメーター同士って、直接会って知り合う前に名前と絵を知っているほうが多いですよね

爲我井 そうですね

香川 だからどんな人が描いてるんだろう、みたいに絵が先行しちゃう。同じ業界でも、ほんとに名前と絵しか知らなくてお顔は全然知らないっていう人が今でも多いですよ

伊藤 フィルムを見て作監誰々と書いてあると、「あ、この人すごいなぁ」とか、やっぱり興味がわきますよね。私も香川さんとはお会いするより前に、お名前を先に知っていたような気はします

爲我井 その後、一番近くで仕事したのは、劇場版の『セーラームーンS』で僕が作監補佐で入ったときだと思います。そのとき完全に香川久を認識した感じがします

香川 劇場の2本目？

爲我井 そうです。その後『セーラームーンSuperS』の1話で作監に入ります

香川 『セーラームーンS』は1994年ですかね。だから30年前！ 爲我井さんとは30年来の付き合いですよ

爲我井 そうなりますね

伊藤 私は、『魔法使いサリー』(以降/サリーちゃん)を1回だけお手伝いしたときだと思います

香川 第2期と呼ばれる、白黒じゃないサリーちゃん

伊藤 そのときですねきっと(笑)

香川 自分は、伊藤さんとの出会いを鮮明に覚えています。当時はまだ(東映ではない)外の作画会社(ムッシュ・オニオン・プロダクション)で仕事していたんですけど、「東映の机でやれ！」って、サリーちゃんのスタッフルームに行かされたんです。東映の旧社屋のときの。で、そのころは、羽振りが良かったのか、夜食に桶の寿司が出ててですね、それをおすそ分けのように、伊藤さんのとこに持って行ったのが最初の記憶ですね

爲我井 香川さんが寿司を配ってたの？(笑)

香川 そう、夜食のお寿司がスタッフルームにまとめて置かれているの。だから、余ってるし配らないとと思ってね

伊藤 アニメーター部屋のある新館には、当時お寿司を配ってもらえなかったんで(笑)

香川 そうそうそう。増築された新館と呼ばれるほうにアニメーターの部屋がありました

138

悩みながら絵もスタイルも成長する

——お二人から見て香川さんの絵そのものに対しての魅力はどういうところにあると思いますか？

伊藤 優しいお人柄が絵に出るなぁ、とずっと感じてはいました。躍動的な絵とか可愛らしい絵も何でも描けちゃいますし、一言で「すごいアニメーター」と一括りにされがちかもしれません。でも私はたぶん、香川さんを知ってるからこそ感じられることもあります。お人柄のよさがダイレクトに表れるって素晴らしいと思いますよ

爲我井 それってすごい高次元のところで出てくる問題のような気がしてて

伊藤 香川さんの絵を見ると香川さんにしか見えないもん、私（笑）。技術として言うなら柔らかそうなフォルムが秀逸。触ったらきっと柔らかいんじゃないかっていう……。この独特の柔らかさは、香川さん絵のかなりの長所なんじゃないかな

爲我井 僕は香川さんにものすごく救われた人間というか。香川さんに出会うまで、自分でこういう絵を描きたいとか、こういうことを表現したいっていうのがない人間だったんですよ

香川 え？　そうなんですか？

爲我井 ちょっと説明が難しいんですが、作監になった時点では、自分には基本となるデッサンが確立してない人間でした。だから、作監として「あるものを動かす」ことに集中していた。ところが、キャラクターデザインは作品ごとに全く絵柄が変わってきます。で、僕はそのキャラを動かすっていうことができればいいって思ってたんです。でも、デッサン力がないとキャラを動かせないっていうことがわかった。香川さんにお会いするまで、僕にはそのデッサンが確立できていなかった。

香川 悩んでいたのは知らなかった

爲我井 作監をやりつつも絵が描けないって、ずーっと思っていました。そこで、さっき言った『セーラームーンS』のときの劇場版で、香川さんがキャラデザインと作監を担当したとき、僕は作監補佐として入れって言われたんです。まず香川さんの描いた、修正をとにかくなぞって、ほかの原画マンたちの原画を香川さんの絵に合わせるっていうことを3カ月ぐらいしていました。その作業をずっと毎日続けて、「あ、香川さんの絵ってすごくわかりやすい」って気が付いて。根幹にあるデッサンを香川さんのものを真似ようって思ったんです。そこから僕は絵を描くのが楽しくなっていった。それまでほんとに苦しくて、つらかったんですけど。香川さんのも

とのデッサンっていうのがすごく僕の中にわかりやすく入ったということだと思います

香川 ありがとうございます

爲我井 香川さんにお聞きしたいと思っていたことがあるんですが。初めからキャラクターデザイナーになりたかったんですか

香川 最初は全然そんなことは思っていなくて。周りにも、すごい鬼のようにうまい人がいたので。その方の直属の弟子っていう感じでアニメのことを勉強してきたっていうのはあります。そこで「自分としてはちょっとうまいかな？」みたいな自惚れを「ガン！」って全部ひっくり返されちゃっいました。それでも作監を何本もやっていくうちに自分のスタイルっていうのがある程度、いろんなものをミックスしてできたんで、キャラクターデザインをやりたいなっていう気持ちにはなった。できるかどうかは別の話としてね。でも劇場の作監だって「ええー、劇場ですか！」みたいな感じで受けざるを得なかった。で結局、思い通りにはやりきれなかったところもあるにしても、やり遂げた。だから、キャラクターデザインもやれるチャンスがあったらやったほうがいいなぁ、くらいの感じですね

デッサン狂いのギリギリが生む表情

——それぞれ表情を描くうえで難しいこと、気をつけていること。コツなどはありますか？

爲我井 ないです（笑）

香川 そんなバカな（笑）

香川 キャラクターのアニメーションを描く限り、絶対表情は描くわけじゃないですか、当たり前のように

爲我井 とは言え、商業アニメーションをやってる以上、演出家に言われてそこへ合わせるっていうことなので。自分から「こうしよう」ということはあんまりしませんね。一応、そう言われたことを自分の中の今までやってきたこと、見てきたものからこういう表情だなっていうふうに推測をしてそれを描くっていうわけでして

伊藤　そうですね、私にも気をつけてることはあるにはあるんですけど、この2人にあまり聞かせたくないので（笑）
香川　ぜひその話を（笑）
伊藤　勝負できるものがなくなっちゃうし（笑）。ただ、あんまり技術的なところで勝負しようとは全然思ってなくて、いろんな情報を集めてキャラクターを作り上げるほうなんですね。描かれないかもしれないたくさんの裏設定を作って、1人の人間を確立させてく。たとえばキャラクターデザインの発注はせいぜいA4用紙に数行くらいの記述しかないんですけど、人を1人作ろうって考えると、本当なら伝記を作れるくらいの情報が必要じゃないですか。だからそれ（キャラクター設定情報）だけじゃやっぱり全然足りない。まずは演出の方にめちゃめちゃ質問しまくって、彼らが何をやりたいかっていうのをとにかくもう絞るように聞きまくります。それプラス、何かが必要だったら自分で調べたり考えたりします
香川　ああ、なるほど
伊藤　監督の好きなタイプはやったら聞きます（笑）
香川　あああー
伊藤　今何が好きですか？　気になる女優は誰ですか？とか作品に関係ないことまでめちゃめちゃ聞きます
香川　あああー。そうですね。やはり作品は監督ありきなので、監督の意向というのは重要ですよね
伊藤　監督にノリノリでコンテを描いてもらうための方法のひとつなんですけど。そういった設定を加えることで、妙に生き生き描いてくれたりしますので（笑）
香川、爲我井　（大きくうなずく）
伊藤　それから香川さんも爲我井さんもやってることですけど、生命力を感じさせたいというのは共通してあるんじゃないかなと思いますね。最初二次元の平面の絵なんですけど、キャラクター作りってそれに動きや表情をつけて、感情移入したりできるように人間味を味つけし

ていくという作業なんです
香川　絵で表現する表情っていうのは、マンガ的な表現あるいは顔文字に代表されるような記号的なものが多い。パッと見でわかる表情で表現することだとは思います。ただ、それは「こういうシーンでこういう芝居で」っていう基本的な演出として出している。それを基本にしながらもそのバランスをちょっとずらして、とか、微妙な顔のパーツの位置とか、いかに記号を崩すかっていうのは考えたりはしますね。で、それはさっき言ってたデッサン的な立場から見ると、「デッサン狂い」とはギリギリ違う、みたいなところ。これはあえてずらしてる。その微妙な差異を、ここぞっていうときに、このシーン、このカットで出せればベストなんじゃないかなっていうようなことは考えますね。結局表情っていってもほんとに、顔のパーツだけじゃなくてアニメーションの場合は、全身であったり体での表現が多いと思うんで、やっぱり記号っぽくはなっちゃうんですけれども。それでも、やっぱロングショットからバン！と顔のアップに寄ったときのその顔はすごく大事にするようにはしてますね
伊藤　人間の顔って左右対称じゃないから、なんか歪んでるんですよね。その微妙な歪みがもしかしたら、個性になっていくところはあるかもしれないですよね
爲我井　デッサンで言えば、「こうしちゃうと顔の中心から口がずれすぎちゃうな」とか考えだすともうわけわかんなくなっちゃう（笑）。そうなったときは、ほんと言うとちょっとおかしいんだけど、でも「このほうが見た目がいいか」って思い切ってそのままで出すことはあります。考えだすと沼にはまって抜け出せなくなっちゃうから一旦置いてみたり、冷静にならないとちょっとやりようがなかったりする。ほんと表情は難しいなっていうのはあります
伊藤　一旦置くのは大事ですよね
爲我井　（笑）。それやってると、「あれ、これも、これも描けない！」って溜まっていっちゃうんだよね（笑）
香川　置いといたらね、そのときダメだったけど翌日見たら「あ、いいじゃん！」って
爲我井　そうそうそう
香川　ね、客観的に見れるから
伊藤　1日寝かせるだけでもいいと思いますよ
香川　変わりますね
伊藤　うん。そのときはどっぷり沼にはまってしまうっていうのがあって、もう何描いてもうまくいかなくなっちゃうんですよ。だからどっかで区切りをつけないといけなくて。ダメなときは潔く諦めてみる、みたいな

140

香川　ああー、そうですね。あまりにも集中しすぎて、別の視点から見られないというか。切り替えるために寝かすっていう

名前をつけるとキャラクターが動き出す

——今回の本で香川さんに描いていただいたキャラクターデザイン男女3名ずつの6名を見ていただいて、香川さんらしいところ、また香川さんがこだわってつけた表情などありますか？

伊藤　世界観みたいなのも香川さんが考えたんですか？

香川　いや、一応、男女3名ずつというテーマを編集部からいただいて。で、最初に描いたのにちょっと意見をもらって、もうちょいこういうしよう、と言いながら進めました。でもこのギャルタイプのキャラクター以外は最初に描いた感じでそのまま進めています

伊藤　ギャルキャラクターだけ何かあったの？

香川　最初もうちょいおっとり系に近かったんですけども、もうちょい差別化をと考えたんです。で、さっき伊藤さんが言われてた―そこまで奥深くまでは考えてないですけど―僕が勝手に考えたキャラクター設定の文章を書いてみました。これは勝手に思いつきで考えてます

伊藤　この「宇宙大好き」とかですか？

香川　そうですそうです。勝手に名前つけたりとか

伊藤　名前はあったほうがいいですよね

香川　そう。はじめは名前ないまま描いてたんですよ。で、あとで名前つけなきゃって思ったときに、過去のバラエティ番組を思い出して「懐かしいなぁ。あ、（番組内の名前）ゆうた、いたなあ」と思って。それでその名前をはめ込んだりとかして。誰にもわからないんですけどね（笑）

伊藤　いいと思います

香川　一応記号的というか、その、主人公タイプ、ちょっとクールタイプとか。ちょっとマイルドヤンキータイプとか。わかりやすい差別化で

伊藤　みさきちゃん、って思ったほうがイメージも湧きやすいしね

香川　そうですね。愛着が違ってきます。

伊藤　他の名前も香川さんが考えたんですか？

香川　そうです、勝手につけた名前ですね

伊藤　名前は自分でつけるとよりイメージはしやすくなると思いますね。私もオリジナルでいくつかキャラを作ったことがあるので、他人がつけた名前よりも自分がつけた名前のほうがイメージはしやすいです。なかなか命名させてはもらえないですけれど（笑）

香川　そうそう、アニメーターでつけさせてもらうっていうことはまずない。名前まで掘り下げていくとこの名前はおじいちゃんがどういう人物で、とか深いところまで妄想は広がりますよね

伊藤　そうなんです。きっとそういう妄想が創造や創作意欲に繋がるし、アニメーターって形のない妄想を絵にできる特殊な力があるんじゃないかなと感じてます

香川　このキャラクターでアニメとか、それなりのストーリーのあるマンガを作れるか、となるとちょっと難しい。それでも4コママンガなら描けるかなーみたいな感じでは考えますね。そういう意味でも今回は楽しい仕事でしたね

——最後に香川さんからアニメーターやイラストレーターを目指す読者に向けて一言いただけますか？

香川　この本に興味を持って見て、読んでくださった皆様、ありがとうございます。描き方を教えます！……なんてちょっとおこがましいですけど、本が出版される頃にはアニメーター生活40年になります。その中でさまざまなキャラクターの表情を描いて学んだり覚えてきた自分なりの描き方です。これから絵を生業とする業界を目指す方たちや、趣味で絵を描いてる人にも参考になるかどうかはわかりませんが、少しでもお役に立てたらとてもうれしいです。自分もそうですが、最初から思い通りに描けるなんてことはなくて、いまだに日々迷いながらも絵を描き続けています。共に悩み学んで覚えて楽しんで描きましょう！

——本日は大変興味深いお話をしていただき、まことにありがとうございました。

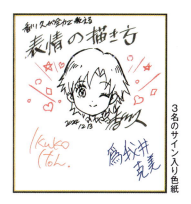

3名のサイン入り色紙

伊藤 郁子
アニメーター。テレビアニメ『美少女戦士セーラームーンS』『美少女戦士セーラームーン SuperS』『長門有希ちゃんの消失』『ソマリと森の神様』のキャラクターデザインや、『おしりたんてい』『ワールドトリガー』作画監督のほか、『プリンセスチュチュ』では原案も手掛ける。

爲我井 克美
アニメーター。テレビアニメ『美少女戦士セーラームーン セーラースターズ』のキャラクターデザイン。現在は『プリキュアシリーズ』に作画監督として参加している。

東映アニメーションミュージアム

日本で最初の本格的なアニメーション製作会社である東映アニメーションが自ら運営するアニメの博物館です。前身である東映アニメーションギャラリー（2003年3月29日オープン）をリニューアルする形で、2018年7月28日にオープン。アニメの製作工程を学ぶことができる上に、作品の原画やセル画等、ここでしか見ることのできないアニメに関する幅広い展示は必見です。展示スペースは、東映アニメーションギャラリー時代から継続する貴重な資料に加え、メインターゲットである子どもが楽しめる空間を意識してデザインされており、幅広い年齢層が楽しめる施設になっています。さらに、日本アニメの世界的な人気拡大により、近年では海外からのファンも多く来場し、時代、国境を越えて楽しめるミュージアムとして多くの人に親しまれています。

開館時間：11:00 ～ 16:00
（最終受付時間15:30）
休館日：毎週水曜日（その他不定休）
入館料：無料
住　所：〒178-8567
　　　　東京都練馬区東大泉2-10-5
URL：https://museum.toei-anim.co.jp/

動画特典について

本書には特典として「表情の描き方 等速解説動画」「表情変化の作例アニメ動画」がついています。二次元コードかURLで動画再生ページにアクセスすると見られます。

表情の描き方 等速解説動画

喜び、怒り、悲しみの表情について、大ラフから鉛筆ラフまでを作画する動画です。等速で解説テロップつきです。

動画再生ページ　https://movie.sbcr.jp/f4iV4B/

表情変化の作例アニメ動画

CHAPTER 2で解説する表情変化の原画カットをつないだ動画です。詳しくはp.64をご参照ください。

動画再生ページ　https://movie.sbcr.jp/E5CK62/

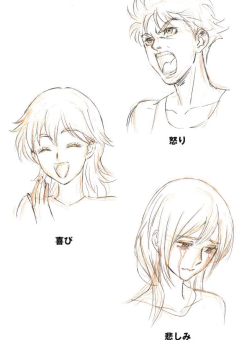

怒り

喜び

悲しみ

142

■おわりに■

この本を見て、読んでいただいてありがとうございました。

執筆の依頼を受けて、キャラクターの顔ばかりたくさん描くなんてすごく大変そうだなぁ……などと少し腰が引けていたところもありましたが、何とか完成し出版できたことはとてもうれしく思っています。

表情の描き方を全力で教えます！ などと偉そうなタイトルかとは思いますが、自分なりの表情の描き方をまとめることができました。

ご協力いただいた関係各所すべての皆様、大変ありがとうございました。

本を書き終えて改めて思ったのは、先人から受け継がれてきたものの大切さです。

自分の引き出しから表情のパターンや表現をたくさん描きましたが、先人たちから受け継がれてきた記号的な表現だったり、皆さんおなじみの表現や表情もあったと思います。それもまた誰かが受け取って受け継いでもらえると幸いです。

本書中でも触れましたが、顔の表情だけで伝えられることは限られていて、しぐさや体の動きもあってやっと狙った感情を伝えられるものだと思います。

絵の表情として、オーバーだったりデフォルメしたりして描いていることでわかりやすくはなっていますが、それでも顔の表情だけでは伝わりにくいところがあるのです。察するとか顔色をうかがうとか、普段の生活でも人の表情を見たときに相手の心情を理解するためには言葉などでコミュニケーションを取ってやっと伝わるのと同じくらいの感覚だと思っています。

普段の自分は全然表情豊かなどではなく、年齢とともに段々表情が乏しくなっているような気がして気をつけないとな〜なんてことをたまに考えたりしますが(汗)、絵で表現する表情はなるべく豊かであり続けたいと考えています。話が違う方向に行きそうなので、そろそろ終わりにしたいと思います。

この本が、絵を描く誰かのきっかけやヒントになればとてもうれしいです。

楽しい顔、喜んだ顔、悲しい顔、怒った顔、泣いた顔、いろいろなキャラクターの表情を、これからもたくさん泣いて笑って怒って楽しんで描いていきましょう！

ありがとうございました！

著者紹介

香川久（かがわ ひさし）

アニメーター。作画監督。キャラクターデザイナー。
かわいいキャラから屈強なキャラまで、老若男女を問わない多様なキャラクターの細やかな作画に定評がある。
『フレッシュプリキュア!』『美少女戦士セーラームーン』『トリコ』『タイガーマスクW』『働きマン』『ボンバーマンジェッターズ』『最終兵器彼女』など多くのアニメ作品でキャラクターデザインや作画監督を務める。

■ 協力
東映アニメーション株式会社
東映アニメーションミュージアム

■ 座談会協力
伊藤郁子
爲我井克美

■ カバーデザイン
西垂水敦 (krran)

■ 本文デザイン
広田正康

■ 動画制作
伊藤孝一

■ 企画・DTP・編集
秋田綾（株式会社レミック）

■ 企画・編集
杉山聡

■ 特典データについて
動画特典「表情の描き方 等速解説動画」「表情変化の作例アニメ動画」についてはp.142をご確認ください。

本書のサポートページ
https://isbn2.sbcr.jp/24590/

香川久が全力で教える「表情」の描き方
キャラに命を宿す作画流儀

2025年3月9日　初版第1刷発行

著　者　香川久
発行者　出井貴完
発行所　SBクリエイティブ株式会社
　　　　〒105-0001 東京都港区虎ノ門2-2-1
　　　　https://www.sbcr.jp/
印　刷　株式会社シナノ

※本書の出版にあたっては正確な記述に努めましたが、記載内容などについて
　一切保証するものではありません。
※乱丁本, 落丁本はお取替えいたします。小社営業部までご連絡ください。
※定価はカバーに記載されております。

Printed in Japan　ISBN 978-4-8156-2459-0